短毛黑水貂

红眼白水貂

咖啡色水貂（公）

咖啡色水貂（母）

1

珍珠色水貂

米黄色水貂

蓝宝石色水貂

2

交配后采集精液

镜检精子活力

初产幼貂

泌乳期母貂乳头

3

母貂在哺乳

饲料加工车间

喂食车投喂饲料

水貂养殖关键技术

主　编

王凯英　李光玉

编著者

宋兴超　钟　伟　蒋清奎

岳志刚　朱言柱　徐逸男

金盾出版社

内 容 提 要

本书由中国农业科学院特产研究所专家编写,主要介绍了决定水貂养殖效益的关键技术环节。内容包括:水貂的生物学特性、水貂养殖场选址与建设、水貂饲料配制技术、水貂饲养与管理技术、水貂繁殖与育种技术、水貂取皮及毛皮初加工技术、水貂疾病防治技术。内容科学实用,文字通俗易懂,适合水貂养殖专业户、养殖场负责人及技术人员阅读使用,也可供农业技术人员和农林院校相关专业师生参考。

图书在版编目(CIP)数据

水貂养殖关键技术/王凯英,李光玉主编 . —北京 : 金盾出版社,2014.1
ISBN 978-7-5082-8925-0

Ⅰ.①水… Ⅱ.①王…②李… Ⅲ.①水貂—饲养管理 Ⅳ.①S865.2

中国版本图书馆 CIP 数据核字(2013)第 244085 号

金盾出版社出版、总发行
北京太平路 5 号(地铁万寿路站往南)
邮政编码:100036 电话:68214039 83219215
传真:68276683 网址:www.jdcbs.cn
封面印刷:北京精美彩色印刷有限公司
彩页正文印刷:北京金盾印刷厂
装订:永胜装订厂
各地新华书店经销
开本:850×1168 1/32 印张:7.625 彩页 4 字数:172 千字
2014 年 1 月第 1 版第 1 次印刷
印数:1~6 000 册 定价:16.00 元

前　　言

　　水貂皮张华丽高贵,在世界裘皮市场一直深受欢迎。随着人们对貂皮制品需求增加,水貂养殖量越来越大。我国水貂养殖从北到南按黑龙江、吉林、辽宁、河北、山东、江苏分布,其中以辽宁、河北、山东三省养殖量最大。水貂养殖极大地增加了养殖户收入,对提升当地农业经济水平和促进农业结构调整贡献很大。

　　随着水貂养殖规模扩大,影响养殖效益的因素渐渐显现。饲料资源越来越紧张,价格上扬,成本增加;各种危害水貂健康的疾病如犬瘟热、肠炎、肺炎、阿留申病频发,造成重大经济损失。养殖规模扩大,只有加强管理、降低成本、提高繁殖成活率和皮张质量,才能增加养殖效益。

　　为了普及水貂养殖知识,笔者收集了国内外水貂养殖的成功经验,根据养殖过程中的实际情况,将影响水貂养殖效益的关键技术整理成书。内容包括:水貂养殖场建设、水貂营养需求与饲料配制、不同时期饲养管理、繁殖与育种、常见病防治和产品初加工技术,力求对初养殖水貂者有所帮助,也帮具有一定养殖经验的朋友了解和掌握新的技术。

　　由于资料有限和个人水平问题,书中欠妥和不足之处,恳请广大读者和业内同仁给予批评指正,以便及时修改更正。希望本书能为水貂养殖业的健康持续发展作出些许贡献。

编 著 者

目 录

第一章　绪　论

第一节　水貂的经济价值

一、貂皮的经济价值

水貂属小型肉食性动物,其主要经济价值在毛皮。水貂皮外观色泽亮丽、华贵,手感轻柔、丰厚,绒感细腻,皮板坚韧轻柔,富有弹性,适宜裁剪缝制,是裘皮服装的主要原料,可制作高档裘皮大衣,以及装饰服装的衣领、袖口、帽子等,具有美观、华丽、轻柔、保暖、穿着舒适等特点,具有极高的市场价值。

水貂皮是国际高档裘皮的主要产品之一,也是高档裘皮中占比例最高的人工生产产品。目前,每年世界水貂皮的生产近 6 000万张,占高档裘皮生产的 70％左右,其他如狐皮、貉皮、紫貂皮等高档裘皮近年来也增长迅速。从貂皮的品质和价值看,其利用率高于狐皮、貉皮等大毛细皮,尤其是国内市场潜力很大。水貂皮以其毛绒齐短、光亮华贵而著称,是制作貂皮服装的主要材料,而狐皮、貉皮等大毛细毛,由于毛绒较水貂皮粗长,不及水貂皮华丽,国内市场不适合制大衣,而只适合制作衣领、袖口、披肩等饰品,利用率较水貂皮低。

水貂皮国际市场价格相对稳定,优质水貂皮价格一般稳定在70～100 美元。根据多年市场起伏变化的规律来看,水貂皮与狐皮、貉皮相比,价格稳定坚挺。由于貂皮主要用于貂皮服装的制作,受国际皮草及服装流行趋势的影响较小,市场秩序良好,需求稳定,而用作装饰的裘皮相对受国际服装流行趋势的影响大,需求受一定限制,养殖量的上升可能导致价格走低,有时严重冲击国际市场的价格。

二、水貂副产品的经济价值

(一)貂心 具有很高的药用价值。中国农业科学院特产研究所制药厂以貂心为主要原料,配以其他中药而生产的"利心丸",对治疗风湿性心脏病、充血性心力衰竭有独特疗效。

(二)貂油 是从水貂皮下及肠系膜脂肪组织取得的脂肪油再经加工、精制而成,属于营养性油脂,含有丰富的不饱和脂肪酸,安全、无刺激性,在皮肤上极易扩展,且具有良好的皮肤渗透性,易于被皮肤吸收,同时具有优良的紫外线吸收性能及良好的抗氧化性,是用作高级化妆护肤的良好原料,同时对治疗湿疹、烫伤等有一定作用,在工业上也是生产香皂的优质原料。

(三)貂肉 营养丰富,蛋白质含量可与鸡肉相媲美,是一种具有独特风味的野味佳肴。另外,貂肉经熟化处理后还可作为狐、貉等毛皮兽的饲料。

(四)貂鞭 用貂的睾丸和阴茎(貂鞭)制成的药酒,具有滋补壮阳的功效。

(五)貂粪 是农作物的优质肥料,其含氮量高,经发酵处理后的貂粪可以用作优质农家肥,经高温或无害化处理后还可用来喂鱼等水产。

(六)其他副产品 水貂的内脏如肝脏、内分泌腺等可提取后加工制药。

总之,水貂全身都是宝,经充分利用可以增加收益,提高其经济价值。

第二节　我国水貂养殖的现状和发展趋势

一、我国水貂养殖的现状

（一）**养殖规模、数量和分布特点**　目前我国水貂养殖量达到3 200万只，占世界养殖量的近1/3。主要分布在山东、河北、辽宁、吉林、黑龙江等地，其中山东、河北和辽宁养殖数量占全国饲养数量的85％左右。目前吉林、黑龙江水貂养殖业发展也非常迅速，当地利用我国东北地区气候寒冷的地理优势，生产优质水貂皮，具有明显的市场竞争力。

（二）**养殖水平及形式**　水貂养殖属于特种养殖行业，动物的驯化时间短，具有部分野生性，饲养上有一定的难度，技术性相对较强，养殖水平整体较低。水貂的一些生产性能指标与传统畜牧业相比仍处于较低水平，如水貂繁殖成活率约为70％，仔貂死亡率较高等，严重地阻碍了水貂养殖业健康良性的发展。

随着近几年我国劳动力生产成本的增加，规模化机械化水貂养殖逐渐增多，而且已经占到了主导地位。和前几年水貂养殖业主要以个体小规模饲养为主不同，如今经营规模一般超过200只种兽，个别大型的私人养殖场规模可以达到2万～3万只种兽，拥有专业技术人才，具有一定的经验和技术优势；较小规模个体养殖户一般没有固定的专业技术人员，饲养者集技术员、饲养员、饲料购销员等于一身，专业分工差，技术相对薄弱，难以解决在生产中产生的问题，抗风险的能力较弱，在生产过程中对饲料、兽药等经销商依赖较多。

（三）**科技支撑**　科技支撑是水貂养殖业效益的关键，从育种、重大疾病的预防监控、饲养技术的进步，到管理水平的提高，无不影响着水貂养殖业的经济效益。我国以中国农业科学院特产研究所为代表的科技人员,经几十年的科学研究与努力,研制出水貂犬瘟热、细小病毒性肠炎、出血型肺炎等疾病的疫苗及水貂阿留申病抗血清等,有效地控制了威胁水貂健康的几类重大传染病,为水貂业的稳定作出了巨大贡献;同时在水貂的繁殖成活技术、配种技术、新品种选育等领域也作出很多贡献。

目前,水貂营养调控技术的应用仍较为薄弱,不同地区水貂饲料供应的营养状况差别很大。由于营养调控技术的复杂性,养殖者很难把握水貂适宜的营养水平,致使水貂的生产性能难以发挥,从而影响了养殖的经济效益。

(四)市场氛围 我国水貂养殖直接面对市场,市场氛围对水貂养殖业的影响非常大。市场毛皮价格的变化影响着养殖者的生产效益、投入、新技术应用等多方面因素。由于我国目前没有较为规范的毛皮拍卖行,广大养殖户出售皮张均需通过中间商完成,利益很难得到应有的保护。根据利益最大化原则,中间商在收购皮张时会进行压价,卖出时又会尽可能获得最大利益,一定程度分割了养殖户的利润。目前由于水貂皮张加工在我国所占比重很大,一些大型养殖场会把皮张直销到加工企业,有利于保护养殖者的利益。

(五)国际水貂养殖形势对我国的影响 我国水貂养殖与发达国家比较还有一定差距。发达的水貂饲养国拥有价格相对低廉的饲料来源,较为成熟的技术体系和市场服务体系等优势。近年来,我国已经成为全球最大的裘皮生产与加工中心。目前世界裘皮消费、加工和裘皮动物养殖中心正在由发达国家转移到我国。随着我国经济的快速发展,裘皮市场潜力非常巨大,前景看好。

国际毛皮市场价格近几年相对稳定,而且略有升高,有力地促进了我国水貂产业的发展,虽然在饲料来源、技术成熟度及服务体系方面仍较为薄弱,但较高的市场价格和利润空间支撑了相应产业的快速发展。

（六）我国经济形势对我国水貂养殖行业发展的影响 我国水貂养殖产业的快速发展是在我国经济快速发展的大环境下呈现的,经济的快速增长是保证水貂产业发展的后盾。目前,随着我国经济的发展及人们生活水平的提高,对裘皮的需求日益增加,与前些年以出口为主导的裘皮服装市场相比,目前国内市场的增长已成为裘皮服装的主导市场,这使得支撑我国裘皮工业发展的水貂养殖业发展迅速。

貂皮属于高档产品,当国家或世界经济形势发生变化的时候,高档裘皮市场首先受到冲击,而中、低档裘皮(如羊皮、兔皮等)市场却可能继续保持活跃。我国经济持续快速的增长为我国乃至世界水貂产业的发展提供了强大动力,保证了水貂养殖业的效益,使得许多投资转移到这一高利润行业,促进了产业的快速增长,同时也满足了我国人们生活水平提高带来的物质需求。

二、我国水貂养殖业的发展趋势

（一）机械化规模经营是发展趋势 目前,我国水貂养殖业从原来的小规模个体经营及国营生产逐渐转变成以个体规模经营为主,而且随着劳动力等生产成本的继续上升,生产者逐渐实现规模机械化生产。同时国际裘皮市场价格波动较大。以前个体小型养殖非常广泛,分散在每家每户,进行独立经营的农户对市场的应变能力较差,难以掌握国际毛皮市场的走向和趋势,掌控养殖规模、及时调整经营方向的能力有限,抗风险能力较弱,逐渐在市场竞争中被淘汰出局。规模化、机械化经营是今后水貂养殖行业发展的趋势。水貂养殖业将从高利润形式下的个体独立分散经营,走向较低利润条件下的个体联合经营或个体规模经营,以适应市场的变化。水貂养殖行业技术要求高、风险大、市场变化活跃,个体规模经营将使养殖者在市场竞争中处于优势地位。目前很多省份成立了行业协会,壮大行业队伍,把小力量合并成大力量,共同面对市场的变化,保护养殖者利益,这是令人欣喜和值得鼓励的。

(二)养殖标准化将是发展的方向之一 随着水貂养殖业的规模化及机械化生产的发展,养殖的标准化将逐渐在有一定规模的养殖场实施,这是与国际接轨的重要步骤。标准化将有利于生产规格统一的毛皮,方便饲养及管理,预防重大疾病,改善饲养环境,提高动物福利和生产效益,降低生产成本,增强我国毛皮产品的国际竞争力。标准化也有利于市场的规范化,促进产业的良性发展。在我国经济快速发展的今天,标准化是产业发展的必然趋势。

(三)配合饲料及冷鲜饲料配送体系将成为主要饲料来源 水貂配合饲料在近几年得到了迅速发展,占水貂饲料组成20%左右。配合饲料主要由膨化玉米、少量豆粕、维生素、微量元素、氨基酸及生物制剂等组成,提供给养殖单位,再配以鲜海杂鱼、碎肉、鸡架、鸭架等动物性饲料,形成部分大中型水貂养殖单位的主要饲料体系,这一体系将保持一段较长的时间,也将是我国水貂饲料产业发展的方向之一。

水貂为肉食动物,海杂鱼、肉、蛋、奶及动物下杂等为主要饲料来源,肉、蛋、奶价格较贵,海杂鱼曾经是我国水貂的主要饲料来源,但目前由于我国近海渔业资源的过度捕捞,海杂鱼日益稀少,捕捞成本增加,加上我国季节性海上禁渔,使得水貂主要饲料海杂鱼的价格升高,贮存成本增加。规模化水貂养殖业在山东部分集中养殖区,冷鲜饲料公司化配送体系将成为水貂饲养的主要饲料来源。对水貂而言,鲜饲料适口性好,消化代谢率高,有利于水貂对营养物质的有效利用。集中养殖区,公司化规模化的水貂鲜饲料加工配送有利于实现水貂的精细化养殖和成本控制等技术推广,促进地区性水貂的科学养殖和高效生产,是未来发展的方向之一。

(四)良种推广及自身育种工作的进步将引领企业增强自身竞争力 水貂养殖,良种是关键。我国培育出一些优良品种,同时也引进了许多性能优良的国外品种进行改良及大规模的饲养,为我国水貂养殖产业的发展作出了巨大贡献。动物育种工作比较繁杂,周期长,规模要求大,投入多,国内长期坚持开展水貂的育种工作单位不多,但作为养殖行业,没有自己的专有特色品种,很难具备核心竞争力,同时引进品种和原有优良品种如果不进行有计划的改良提高,退化也将非常严重,难以保证持续的优良特性,从长期来看将影响产业的发展。

随着我国水貂产业的发展,个体规模经营进一步扩大,育种工作的重要性将被广大养殖户进一步认识,良种推广及自身育种工作的进步将引领企业增强自身竞争力。

(五)重大疾病的预防和监控能力将进一步加强　目前,影响水貂产业的几类疾病基本能得到很好的控制,使得产业的发展持续稳定。但是随着水貂新品种及引进品种的推广,新的传染病可能威胁水貂产业的持续发展。为了稳定产业的发展,控制传染病,我国加大了对重大疾病的研究经费投入,使得重大疾病的预防和监控能力进一步提高。目前,中国农业科学院特产研究所对影响水貂产业的阿留申病、典型性肺炎、流行性腹泻等都在开展深入的研究,将有力地控制疾病的流行,保障产业的稳定发展。

(六)以质量为核心的产业稳步发展是核心　水貂养殖及其相关行业受影响的因素很多,市场因素的影响直接关系着行业的整体利益。由于貂皮是高档消费品,皮张价格与国际经济的发展关系密切,当世界经济形势发生巨变的时候,高档裘皮市场首先受到冲击,因此我国水貂产业应稳定发展,不能过分追求数量,要在追求质量和稳定利益为主的前提下逐步发展。鼓励和引导向水貂养殖以外的辅助行业健康延伸发展,如皮张拍卖业、水貂饲料业、裘皮时装设计和生产等,使水貂产业稳定、健康、成熟地发展。未来我国水貂的养殖将从重数量到重质量的发展方向转变,这是产业健康、持续、稳定发展的方向。

（七）动物福利与污染治理是未来发展的必经之路　目前我国水貂的养殖相对粗放，对环境卫生及动物福利的关注不如欧美国家。良好的环境卫生与福利有利于提高动物的健康水平和疾病抵抗力，对预防重大传染性疾病、提高生产性能和皮张质量都有非常重要的作用。

随着我国经济的发展及人们认识的提高，保障动物福利，更有效地发挥动物的生产性能是未来水貂养殖的趋势。让水貂生活在干净舒适、适度宽松的笼舍，保证充足的饮水和足够的食物、卫生防疫、安乐处死等，都是有效发挥动物生产性能，人性化保障动物生活的要求。水貂养殖粪尿污染对环境的破坏性大，因为水貂粪尿含有高浓度的氮和磷，气味重，消除对空气、土壤及水体的污染，开展粪尿的无害化处理，变废为宝，通过发酵或净化处理后还田，是未来行业发展的必然。

（八）开发多种饲料，合理利用当地饲料资源　饲养业最大的成本为饲料成本，占到总成本的70%以上，而决定水貂饲料成本的主要因素为蛋白质和脂肪水平。水貂为肉食动物，饲料中蛋白质，特别是优质动物性蛋白饲料比例高，其直接影响着饲料的适口性和有效利用率。预计我国未来5年，将近50%的蛋白质类饲料仍需依赖进口，优质动物性蛋白质饲料长期处于紧缺状态，价格将持续走高，必将导致水貂养殖行业饲养成本增加，这是未来我国水貂养殖业将要面临的主要矛盾。所以，加强水貂饲料营养的研究，开发新的饲料资源非常重要，不同地区应合理利用当地的饲料资源，如肉禽加工厂的下脚料、冬季冻死的羔羊肉、肉类加工企业的副产品等，可有效降低水貂的饲养成本。

第二章　水貂的生物学特性

第一节　水貂的分类与分布

　　水貂在动物分类学上隶属哺乳纲、食肉目、鼬科、鼬属,在野生状态下分为美洲水貂和欧洲水貂 2 种。美洲水貂全身被毛,毛色黑褐,下颌有白斑;欧洲水貂,又名欧洲水鼬,上、下颌均有色斑,毛近黑色,尾较美洲水貂稍短。因美洲水貂被毛较欧洲水貂美观,因此,目前世界各国广泛饲养的水貂均为美洲水貂的后裔以及各种突变或组合型的彩色水貂。我国没有野生水貂的分布,饲养的水貂品种都是从国外引入的。

第二节　水貂的形态特征

一、体　型

　　水貂是一种小型毛皮动物,外形与黄鼬(黄鼠狼)相似(图 2-1),体型略大于黄鼬,全身被毛。体型细长,分为头、颈、躯干、四肢及尾 5 部分。头小而短,耳壳小,颈部粗短;胸、腹部狭长,宽度与头部相近;四肢较短,前后肢均有五指(趾),趾端具有锐爪,趾基间略有蹼,后趾间蹼较前肢明显;尾细长,主要功能是奔跑时掌握方向,尾毛长而蓬松,肛门两侧有一对发达的肛腺(骚腺)。成年雄貂体重 1.8～3.0 千克,体长 39～45 厘米,尾长 18～22 厘米;成年母貂体重 0.8～1.3 千克,体长 34～38 厘米,尾长 15～17 厘米。

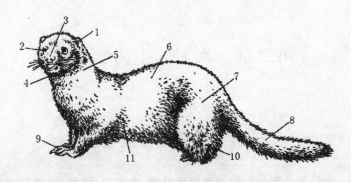

图 2-1 水貂的外形
1.耳 2.眼 3.鼻镜 4.下颌 5.颈 6.背
7.臀 8.尾 9.前肢 10.后肢 11.腹

二、毛 色

水貂被毛的颜色因种、亚种而异,是分类鉴别的主要依据之一。人工养殖水貂的品种主要有标准色水貂和人工培育品种(彩貂)。

野生水貂毛色多半呈浅褐色,家养水貂经过多个世代的选择,毛色加深,多为黑褐或深褐色,通常称标准色水貂。标准色水貂的毛被呈黑褐或深褐色,目前利用基因突变及人工分离,培育出了白色、银蓝、钢蓝、咖啡、米黄、蓝宝石、红色、黑十字、紫罗兰、玫瑰色等 100 余种色型的水貂,这些色型的水貂均称为彩色水貂。彩色水貂多数色泽鲜艳、绚丽多彩,具有较高的经济价值。

第三节 水貂的生活习性

水貂是一种半水栖动物,善于游泳和潜水,但水貂游泳和潜水的能力有限,不像水獭那样可以在水下潜伏较长时间,进行捕鱼。

野生水貂多数生活在邻近河流、湖泊的地区，故称为水貂。在近水地带，水貂利用自然形成的岩洞做成巢穴，巢洞长约 1.5 米，内多铺以鸟兽的羽毛或干草，洞口多开在岸边或水下，洞穴附近多有草丛或灌木做掩护。水貂冬季喜在冰洞或在不结冰的急流暖水一带活动栖息。

水貂为肉食性动物，在野生状态下，以捕捉鱼虾、小型啮齿类（野鼠、野兔等）、小鸟及其卵、两栖类（蛙、蛇等）以及某些昆虫等为食。水貂有贮食习性，曾发现其巢穴贮藏有鸟蛋、鸟类、麝鼠、花纹蛇等食物。水貂非常喜欢水，不仅为了饮用，更主要的是在水中嬉戏，尤其是夏天。人工饲养条件下，以笼养为主，保证充足饮水即可。

水貂视觉较弱，听觉灵敏，行动敏捷，性情凶猛、残忍，攻击性极强，有捕杀猎物数量远远超过本身食量需要的"过杀"现象。一般在日出前和日落后不久活动。这种习性可以利用它良好的听觉寻找食物，躲避敌害。水貂的敌害较多，猛禽和体型比水貂稍大的肉食兽，如野狗、狐狸、猫头鹰等为其天敌。水貂防御能力较差，靠喷射异臭的"骚腺液"惊扰敌害，主要是凭借小而灵活的身体在多空隙的树丛、乱石堆或其他物体隐蔽前进、逃避敌害。

水貂平时是单独生活，在繁殖季节来临时公貂才追逐母貂，交配结束公、母貂就分开，不建立临时或者长期"家庭"。在整个繁殖季节中（3 月份），母貂可以交配数次，但未必是同一头公貂。繁殖季节结束后，母貂远离公貂，在靠近河流的偏僻之处，寻找树丛或洞穴筑巢产仔。仔貂出生时，身体弱小，无被毛，眼未睁开，重量仅10 克左右。30 日龄后仔貂睁开双眼，开始吃饲料，40 日龄后陆续断奶，有独立生活能力之后即离开母貂。6～7 月龄时，即当年的11 月末、12 月初，体成熟完成，仔貂达到成年貂的体重和体长。第二年体重和体长虽然还会增加一些，但是不会增加太多。这时，冬毛也已成熟，是全年之中水貂皮张质量最好的时期。仔兽在第二年2月末、3月初性成熟,可以参加配种。

野生水貂寿命为12~15年,繁殖年限可达8~9年。在家养条件下,种貂一般只利用3~5年,一旦繁殖能力下降,影响经济收入时,即要淘汰。

水貂是季节性发情、季节性换毛的动物,每年春季发情,2月底至3月上中旬交配,4月下旬至5月中旬产仔,妊娠期为46天左右,大多每胎产仔5~8只,每年繁殖1次。每年春、秋季,水貂各换毛1次,春季脱冬毛长夏毛,秋季脱夏毛长冬毛。

第四节　水貂的换毛和繁殖特性

一、水貂毛皮的季节性变化

毛生长到一定时期就会渐渐从毛囊中脱出,并被新毛代替的过程称为换毛。水貂1年2次脱换毛,春季脱冬毛长夏毛,秋季脱夏毛长冬毛,属于周期性季节换毛。当年幼貂一出生,全身就有胎毛,2~3周龄时有初级毛绒,50~60日龄时换为夏毛,8月末冬毛开始生长发育。

（一）春季换毛　从4月份开始。春分后随着配种季节的结束,冬毛失去光泽并从躯体各部位开始脱落。4月底在鼻端、眼睛周围和肢端开始长出夏毛。随后新毛沿躯体前部向臀部方向开始生长,从腹部向体侧再到背部也长出新毛。7月初除了尾部外,其余部位全部长出夏毛,7月底换毛结束。换毛顺序是先从头部和足开始,逐渐由前向后扩展,臀部与尾部最后脱换。新生的夏毛也按照此顺序先后长出。水貂皮肤随着换毛顺序也相应发生变化。在新毛形成部位,皮肤随之增厚,有粉红色的色素出现,并逐渐变成暗黑色,皮肤松弛,脂肪量增大。随着新毛的成熟,皮肤逐渐变薄,皮肤中的色素也随之减少。夏毛成熟后,皮肤呈灰白色,干枯而变薄,白度与柔软度比冬皮差,针毛少而短,绒毛稀疏。

(二)秋季换毛 随着日照时间的逐渐缩短,一般在8月下旬,日照时间为12.5~13.5小时,皮肤中冬季新毛开始生长发育。秋分后,夏毛脱落,冬毛长出。秋季换毛比春季换毛快,换毛顺序与春季换毛顺序正好相反,先从尾部开始,经臀部、躯干向头部扩展,11月底换到鼻端,12月初冬毛全部长成。由于身体前部毛短,生长期也短;臀、尾部毛长,生长期也长,因此毛皮还是身体前部先成熟,臀、尾部最后成熟。毛被生长接近成熟的部位,其皮板上的色素就少。当皮肤中的色素全部供给毛被时,毛皮完全成熟,皮肤紧密而洁白。上述毛皮色素变化情况,均指健康黑褐色标准貂而言,病貂一般换毛较晚。

二、水貂的繁殖特性

(一)水貂生殖系统 水貂的生殖系统由生殖器官和附属的生殖腺体组成,雌、雄两性区别明显。

1. 雄性生殖系统 由睾丸和附性器官构成,附性器官包括附睾、输精管(及壶腹)、前列腺和阴茎等。输精管壶腹和前列腺发达,阴茎内有阴茎骨(图2-2)。

(1)睾丸 呈长卵圆形,粉白色,略具弹性,位于阴囊中。其重量、体积和生理功能具有明显的季节性变化。夏季水貂睾丸重量只有0.3~0.5克,不能生成精子;在发情配种季节,睾丸重量增加到2.5~3.0克,长约20毫米,宽约15毫米。切面呈灰红色,表面被覆一层固有鞘膜,其下为一层由致密结缔组织构成的白膜,白膜深入睾丸实质部构成睾丸小梁,小梁将实质部分成很多大小不规则的锥形体,小梁在纵轴部分形成明显的纵隔。睾丸的生理作用是产生精子和分泌雄性激素。睾丸内部主要由生精小管组成,其生精上皮是产生精子的地方。精子生成后脱落到生精小管腔中,再移行至附睾中贮存。生精小管之间的间质细胞可分泌雄性激素。

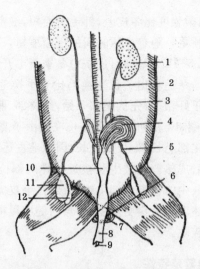

图 2-2　雄性水貂生殖系统
1.肾脏　2.输尿管　3.直肠　4.膀胱　5.输精管　6.肛门
7.肛腺　8.阴茎包皮　9.阴茎骨钩　10.前列腺　11.睾丸　12.附睾

　　（2）附睾　位于睾丸的上端外缘,分为附睾头、附睾尾2部分。附睾头与曲细精管相连,附睾尾和输精管相连。附睾是贮藏精子的部位,精子在附睾中继续发育成熟,是不活动的。

　　（3）输精管　沿精索内侧上行,于腹股沟管腹环处离开精索向内翻转,末端在膀胱颈部膨大,称输精管壶腹,后接尿生殖道的前部。输精管分泌液体,构成精液的一部分。

　　（4）前列腺　位于尿生殖道的骨盆部,围绕输精管的末端,可分泌液体,与输精管壶腹分泌的液体一起构成精液。精子在精液中得到稀释和获能,还可润滑尿道,中和尿道中的酸性反应以便保护精子,输出精液。

　　（5）阴茎　由海绵体和阴茎骨构成的,海绵体基部分两支附着于坐骨弓前部,在耻骨弓后面两支相合构成海绵体体部,每支被坐骨海绵肌包着,前端包围着阴茎骨的基部。当出现性兴奋时,海绵体充血膨胀而使阴茎勃起。公貂生殖器官的特点在于有阴茎骨,长45～55毫米,基部略粗,前端有向背侧弯曲的钩,称为阴茎骨钩。阴茎骨腹侧有一凹沟,容纳尿道,尿生殖孔开口于阴茎的正前方。

2. **雌性生殖系统**　由卵巢和附性器官组成,附性器官包括输卵管、子宫和阴道(图 2-3)。

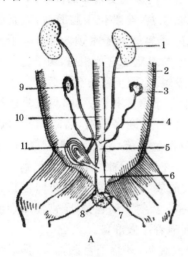
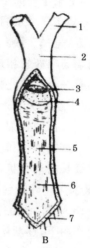

图 2-3　雌性水貂生殖系统

A:生殖器官:1.肾脏　2.输尿管　3.输卵管　4.子宫角　5.子宫体
6.阴道　7.阴门　8.肛门　9.卵巢　10.直肠　11.膀胱
B:阴道剖面和袋状皱褶:1.子宫角　2.子宫体　3.子宫颈
4.袋状皱褶　5.阴道　6.尿道前庭　7.阴唇

(1)卵巢　呈扁平的椭圆形,乳白色,略具弹性,位于腰的下部,完全被包于卵巢囊中,卵巢囊由 2 层浆膜构成,卵巢背面借卵巢固有韧带与子宫角连接。卵巢的形状、大小、重量及功能随季节而发生明显的变化。夏季重量只有 0.2～0.3 克,不能产生卵子。

发情配种季节重量可增加到 0.65 克左右。卵巢生理作用是产生卵子并分泌雌性激素和孕激素。

(2)输卵管 是一条弯曲的管道,左、右各 1 条,呈花环状包绕在卵巢腹侧面,其前端膨大的输卵管伞(漏斗)开口于卵巢囊中,后端与子宫角末端连接。输卵管是卵子排出后移行至子宫角的通道,也是精子与卵子相会发生受精作用形成受精卵的部位。

(3)子宫 水貂的子宫为双角子宫,全部位于腹腔后部,直肠前下方,呈"Y"字形。分为子宫角、子宫体和子宫颈 3 部分。子宫角前端与输卵管相连,在膀胱上方与对侧子宫角相遇,两子宫角的末端有一小段彼此粘连;子宫体较短,为两子宫角会合后延长的部分,位于膀胱上方;子宫颈的长度与子宫体相似,后部与耻骨前缘相对。子宫颈管细、壁厚,肌层发达,有许多皱褶,后端与阴道相连。子宫的体积和功能也随季节发生显著变化。在夏秋季节,子宫呈细长的长管状,长约 30 毫米;在发情配种季节,可增长到58~65 毫米。在妊娠后期,变成粗大的袋状,仅一侧子宫角即可长达14~18 厘米,直径达 25 毫米左右。从冬季到春分,子宫在雌性激素的作用下,逐渐体积增大,为胚泡着床做准备。

(4)阴道 水貂阴道前端深入腹腔,环绕子宫颈,后端伸展到坐骨弓处。外口有阴唇,长 30~50 毫米。阴道肌肉组织发达,特别富于韧性、弹性和伸缩性。在动情期,阴道黏膜充血增厚,表层角化细胞大量脱落。阴道背面距子宫颈口约 20 毫米处,有一肥厚的黏膜皱褶,称为阴道袋,与子宫颈口相对。交配时公貂的阴茎骨钩与阴道袋紧紧吻合,可防止精液外流,保证受精。

(二)水貂繁殖特点

1.性成熟 育成水貂 9~10 月龄性成熟,几乎所有个体均能如期性成熟并能参加配种。虽然个别母貂表现失配或公貂不能被利用,但大多是由于繁殖技术掌握不好的问题,并非性成熟问题所致。

2.生殖器官的季节性变化　水貂是季节性繁殖的动物,无论公貂还是母貂,它们的生殖系统和繁殖活动均随着季节的变化而发生规律性的年周期变化,仅在每年某个特定的阶段进行繁殖,这就是水貂在生殖方面的季节性。

3.刺激性排卵　水貂属刺激性排卵动物,与猫、兔相似,具有多次排卵现象。其排卵需要通过交配行为或类似的刺激才能发生。交配动作是诱发排卵的最主要的刺激因素,交配后36～48小时,卵泡破裂排卵。

4.胚泡延迟附植现象　水貂在交配后60小时、排卵12小时内完成受精过程。合子一面慢慢向子宫角移动,一面进行着自身的细胞分裂过程。首先受精卵经过5～6次的均等分裂成为桑葚胚,然后继续分裂成囊胚,到交配后第八天,发育成胚泡。胚泡进入子宫角后,由于子宫黏膜还不完全具备附植的条件,胚泡不能立即附植正常发育,而是进入一个发育异常缓慢、相对静止的游离状态,这段时间称为胚胎滞育期(或潜伏期),通常持续1～46天,这种现象被称为胚泡延迟植入。当体内孕酮水平开始增加5～10天后,胚泡才附植于子宫内,进入胎儿发育期。

在水貂胚胎滞育期,胚泡可以自由地从一侧子宫角转移到另一侧子宫角,最终导致2个子宫角中有基本上同等数量着床的胚泡。

三、光周期变化与水貂换毛、繁殖的关系

水貂原产于北美洲,由于其祖先长期生活在北纬40°以北的高纬度地区,在长期的进化过程中,它的新陈代谢、生长发育、换毛和繁殖等生理活动与高纬度地区光周期变化规律建立了密切的联系,成为实现水貂换毛与繁殖周期的触发信号和必要条件。自然状态下,水貂按季节1年繁殖1次,换毛2次,这种季节性繁殖与换毛周期之间也存在着相互依存和制约的密切联系。

秋分的 12 小时日照是水貂性器官开始发育的一种信号,称为"秋分信号",它对水貂性腺的发育似乎起着类似于"扳机"的作用。在高纬度地区,秋分后日照时数迅速缩短,黑夜时数迅速增长,在这种光周期影响下,水貂的生殖器官开始缓慢发育,同时夏毛脱落,冬毛长出。此后随着日照时间的缩短,经过 70～80 天,冬毛发育成熟,这表明脱夏毛长冬毛是一个短日照反应。冬毛完成生长发育后,随着日照时间的逐渐延长,生殖器官的发育速度大大加快。雄貂睾丸体积逐渐增大,开始了精子发生过程;雌貂卵巢上的原始卵泡开始发育,卵泡数量及其中卵细胞的体积明显增加,子宫逐渐变粗,进一步产生成熟卵泡。当日照时数达 11 小时以上(3月上旬),即开始配种,春分前配种结束。这一事实说明,水貂性腺发育和交配行为是一种短日照反应。春分之后个别雌貂虽然也能配种,但空怀率高。生产实践表明,春分后配种的雌貂,繁殖成功的可能性很低。

春分过后,白昼时间逐渐增加,随着配种季节的结束,公貂睾丸开始萎缩退化;母貂卵巢中开始形成妊娠黄体,黄体从休眠期开始进入功能活动的时期,子宫发生一系列的变化,为胚胎植入(着床)及植入后的发育创造了适宜的条件;同时也开始了冬毛脱落和夏毛长出。春分信号似乎也起着"扳机"的作用,它对于母貂卵巢形成妊娠黄体,使子宫内膜为胚泡着床做好准备可能是一种诱发机制。7 月上旬夏毛完成生长发育,此时日照正是逐渐延长的时期,说明水貂夏毛开始长出直至发育成熟是一种长日照反应。水貂的这种随着光周期季节性变化而表现出的周期换毛、繁殖,叫做水貂的换毛周期与繁殖周期。

第三章 水貂养殖场选址与建设

水貂养殖场的选址会直接影响到生产效益和生产的进一步发展,因此场址选择应科学合理。建场前应根据养殖水貂的生产需要和建场后可能出现的一些问题,进行可行性分析,认真调查后,科学规划合理选择建场位置。养殖场建设包括养殖区、后勤服务区、加工区等,下面进行详细介绍。

第一节 影响建场的关键因素

影响水貂养殖场建场的因素很多,可以归纳为生物生理因素和社会环境因素。生物生理因素就是,养殖场的各种条件都要适应水貂的生物学特性,使水貂在人工养殖饲养管理条件下,能正常地生长发育、繁殖和生产毛皮产品;同时还要根据当地社会发展水平和周围环境特点,综合考虑水貂养殖场初始建设规模和规模扩大后长远的发展规划问题。

一、饲料条件

饲料来源是建场的首要制约条件。水貂为肉食性动物,动物类饲料(包括鲜动物饲料和动物加工副产品)的稳定供应对其尤为重要,以饲养规模为 500 只种水貂(公母比例为 1∶4)的养殖场为例,假设群平均成活 4.5 只,全年饲养量最高约 2 300 只,1 年约需动物性饲料 50 吨、谷物类饲料 20～25 吨、蔬菜类饲料 10～15 吨。新技术的采用使群平均成活率有很大提高,因此对各种饲料的需求量要更高。所以,水貂养殖场建场地点应是饲料来源广,容易获得及运输方便的地方,如渔业区、畜牧业区及靠近肉类、鱼类加工厂或沿海港口等地方。如养殖规模较大,又不具备靠近动物性饲料来源的条件,还应建一个冷库,用以贮存大量新鲜动物性饲料。个体小规模养水貂者必须就近解决各种饲料,特别是动物性饲料。鲜动物性饲料来源紧张时可以用鱼粉、肉粉或肉骨粉代替,但是其消化率和性价比问题必须作为关键约束条件。

二、气候条件

水貂的繁殖和换毛与光周期密切相关,而光周期的变化幅度又和地理纬度相关,因此建场时必须考虑当地的纬度。我国北纬30°以南地区不适宜发展水貂饲养业。因为在低纬度地区饲养时,其繁殖功能将受到抑制,生产性能和毛皮质量也会逐年下降。由于养水貂主要目的是提供优质毛皮,而水貂的地理性分布也说明只有在北方高纬度地区才适合饲养优质皮兽,这样既适合水貂本身的需求,又很好地利用北方的气候资源。一般皮用水貂的饲养应以中原、山东黄河为界,黄河以北直至黑龙江最北均适合,再往南则不适于生产优质皮毛。即使有养殖的其水貂皮毛质量也不如北方产品,大概是因为当地具有饲料优势或其他条件,可以提高养殖经济效益。

三、自然条件

场址应选在高爽、向阳、背风、地面干燥、易于排水的地方。一般选在坡地和丘陵地区,以东南坡向为宜;在平原地区或平地建场宜在地势相对较高、利排水的地方选址;低洼、沼泽地带、地面泥泞、湿度较大、排水不利、洪水常年泛滥、云雾弥漫、风沙严重侵袭的地区均不宜建场。养殖场的用水量很大,冲洗饲料、刷洗食盆、水槽以及饮水都需要大量用水,如果建配套冷库用水量就更大,因此建场必须重视水源。水源必须充足、洁净,绝不可用臭水或被病原菌、农药污染的不洁水,或含矿物质过多的硬水及含有害矿物质的水。一般由自备水井或可大量提供的自来水为水源,考虑到自来水价格和自备水井的受限条件等问题,养殖场选址应远离城市,可在偏远的城乡结合部,最好在人口稀疏的农村。

四、社会环境条件

水貂养殖场应选在公路、铁路或水路运输方便的地方,但又不能距运输主干线太近,以保持安静的环境。养殖场还应远离学校和工厂,以免噪声影响水貂正常的生长发育,特别是产仔泌乳期对环境安静要求尤其高,噪声会直接影响到仔兽的成活率。为搞好卫生防疫及避免不必要的扰民法律诉讼,水貂养殖场应与畜牧场、养禽场和居民区保持 500～1 000 米的距离,这是因为水貂养殖历史比其他畜禽要短,水貂更易受到其他动物已经有一定免疫力的疾病侵害,造成极大损失;接近居民区也会发生人兽共患病的流传,除会引发水貂疾病降低收益外,还有可能把一些疾病传染给人。另外,水貂粪便、尿液、腺体和变质饲料等养殖废弃物对周围环境有很大影响,所以要远离居民区。要根据实际情况考虑养殖废弃物的处理,可以就地进行无害化处理,也可以考虑进行方便的外运,由土地自行消纳,可见接近农区是很好的优势。此外,还应多规划出预留建设用地。资金有限的个体养殖者应充分利用已有条件,如利用房前屋后的空地搞庭院养殖,但同样要避免环境的喧闹,离畜禽棚舍要远,场地应保证夏季阴凉、冬季背风防寒,如有邻居则应及时打扫清理污物、粪便,以免不良气味扰及他人发生争执纠纷。

水貂场布局见图 3-1。

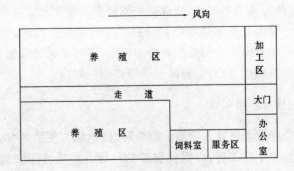

图 3-1　水貂养殖场布局

第二节　建场准备工作

一、考察场址

场址的考察除第一节已提到的外,还应对拟建场地地价、当地政府的服务意识是否到位及资金投入和软环境,还有当地劳动力价格等与生产经营有关的问题进行综合考察、评估,所有这些都与场址所在地紧密相关,都属场址考察范畴。合理的场址能使养殖场建成后避免各种麻烦,如便利的交通使饲料、动物、养殖废弃物、产品能够适时运进、运出;合理的劳动力价格使养殖场能够雇用技术熟练、数量合理的工人,实现经济效益最大化,相反就会造成过高的投入、资金紧张;而外部软环境不佳,就会使养殖场和当地职能部门或居民间发生纠纷,麻烦不断,最后影响养殖场的正常生产和经营,导致效益受损或养殖项目失败。

二、市场调查

投资水貂养殖业之前必须做好充分的市场调查。包括目前本地区乃至全国水貂养殖量是多少？近年来水貂养殖量的变化趋势如何？国内、国际市场上水貂皮如何分等？不同的等级价格如何？水貂皮主要消费市场在哪？水貂皮消费市场对水貂皮的需求趋势是什么？哪类貂皮受欢迎？水貂最低耗料量是多少？水貂饲料主要由哪些成分组成？主要饲料原料产地在哪？近年来供需变化趋势如何？水貂养殖成本是多少？养殖水貂销售貂皮按多年平均价格计算？繁殖率最低应达到多少？多长时间可收回成本？再加上对市场调查的误差加以修正，即可判定水貂养殖项目是否合理，既不可坐失良机，又不能贸然跟风，项目要在综合分析、评估后适时上马。

三、种兽引进前的准备工作

场址考察、市场调查做好以后，剩下的是种兽的考察与引进。有人也许会问："场还没建起来就讨论种兽的考察与引进是不是早了一点？"答案是并不早，这也是建场准备工作的一部分。要知道水貂和其他家畜一样，品种决定其生产性能，品种好的体型大、皮张长、毛绒质量好、遗传性能稳定、效益高，而不好的品种正好相反。要查清引种地近年来是否发生过大规模传染病，或严重影响水貂生产性能的疾病，以免引进病貂或病原携带者，在引种后发病，繁殖率低、死亡率高，甚至使养殖场区受到污染，不再适合养殖水貂，造成不可挽回的损失。前期如不做好种兽的考察，选准兽群大、质量好、有信誉的场家，待到养殖场已建好再考察种兽则时间很紧，如盲目引进种兽则受骗风险较大，如一时找不到合适的引种场家则建好的养殖场将白白闲置，损失很大。

其他的建场准备工作等同一般的养殖场建设，只是防疫规划要提前制定好，以免建好后达不到要求，造成不必要的损失。

第三节　水貂养殖场建筑与设备

一、貂　棚

貂棚是安装水貂笼舍的重要建筑物，能使笼舍和水貂不受烈日暴晒和雨雪侵袭，是貂场必备建筑之一。

建设貂棚主要遵循结实耐用的原则。貂棚为只有棚顶、立柱，没有围墙、四周通风的棚屋，棚顶一般为"人"字形，用角钢、钢筋、木材、砖石等做成支架，上面加盖石棉瓦、油毡纸或其他遮蔽物。棚的走向和建造要结合貂场地形、地势、所处地理位置和当地气候特点综合考虑，这对调控棚内温度、湿度、通风、光照十分重要。貂棚应做到夏季能够避免阳光直射、通风顺畅，冬季棚的两侧都能获得均匀的光照，并能避免寒风直接吹进貂窝，侵袭水貂特别是幼貂。貂棚宽 3.5～4.0 米，长短与饲养量和场院大小成正比，一般在 50 米内，这样有利于合理利用空间，便于管理；貂棚除设计笼舍摆放空间外，还要有 1.0～1.2 米的过道，以便进行投食和管理；貂棚斜面设计坡度应大于 30°，以便于排水；棚间距以 3～4 米为宜，以利于充分采光。现介绍几种貂棚如下：

1. 双排单层笼舍貂棚　见图 3-2。标准的"人"字形顶棚，在两侧棚檐各安放 1 列貂笼，产箱朝向棚内过道，棚舍过道高 2 米，便于人员行走操作。棚檐高度为 1.1～1.2 米，能有效遮挡阳光直射，防风效果也很好，可保护水貂，提高貂皮品质。

2. 双排双层笼舍貂棚　见图 3-3。结构同上，但棚檐较高，达到 1.4～2.0 米，双侧棚檐各安放貂笼 2 层，上层貂笼向棚内收缩后安放在下层貂笼之上，即同侧貂笼错层安放，既对空间利用率较高，又可避免上层的粪、尿污染下层貂笼饲料和饮水，但阳光直射较强，对貂皮质量有一定影响。

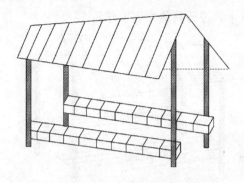

图 3-2　双排单层笼舍貂棚

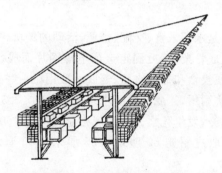

图 3-3　双排双层笼舍貂棚

3.多排单层笼舍貂棚　见图 3-4。该棚内可安装 6～8 排笼舍。皮兽养在中间,种兽养在外侧。可在该棚顶部铺设 50 厘米宽的透明玻璃棚,以便在白天获得足够光照。

二、笼　舍

水貂的笼舍由金属电焊网貂笼和箱式小室组成。水貂笼舍建造原则是既能使水貂正常活动,满足其运动、繁殖等各种需要,又结实耐用,有效阻止水貂逃跑,便于维修,合理利用空间,便于饲养人员投食、给水和进行其他管理工作。

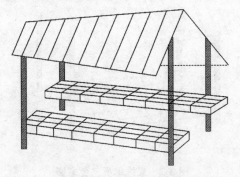

图 3-4　多排单层笼舍貂棚

1. **貂笼**　是水貂采食、交配、排便、活动的场所,一般用粗钢筋或三角钢材做成骨架,然后固定金属电焊网片而成。建造中要做好笼门,以方便投食和捕捉水貂;笼底一般用粗一些的金属网片建造,以保证结实耐用,笼底网眼要求<2.5 厘米×2.5 厘米,以防初产仔貂漏出貂笼,发生死亡。常用规格是:种貂笼 60 厘米×45 厘米×40 厘米,取皮貂笼 60 厘米×35 厘米×40 厘米(长×宽×高)。

2. **小室(窝箱)**　水貂在小室内休息、产仔及哺育后代,遇到外界刺激时会进小室躲避,以免过度应激。窝箱多用隔热、防潮的木板制成,木板一般厚度为 1.5～2.0 厘米。窝箱要留一圆形孔,与貂笼连接成出入口,孔的大小可根据水貂品种、体型调节,便于其出入即可(一般直径为 10～12 厘米),孔壁要光滑无毛刺,以避免刮擦貂皮造成损失;在窝箱出入口处要安放高 5 厘米左右的挡板,以利保温、垫草和防止幼崽爬出窝箱;窝箱顶部要留有可开关箱盖或活门,以便观察和捕捉水貂时用;窝箱口处还要留有插板口,以便在配种和检查时用插板进行隔离;为避免幼貂出生时气温过低造成冻死、冻伤,可在窝箱底部和四壁埋设电热线或电热板,进行加热、控温,以提高仔兽成活率。规格一般为:种貂窝箱 40 厘米×35 厘米×40 厘米(图 3-5);取皮貂窝箱 26 厘米×26 厘米×40 厘米。

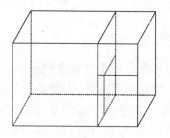

图 3-5　带走廊的种貂窝箱

3.貂笼的安置　为避免地面潮气和灰尘中细菌污染,水貂笼舍一般要距地面 40～50 厘米,笼与笼之间要有 5 厘米的距离,以免相互咬伤。笼门要开关灵活,检查、清除貂笼和窝箱内突出金属丝和钉头,以防损伤毛皮。笼内要有固定于侧壁的饮水盒,投食盒可以固定在貂笼侧壁或底部,也可是抽屉式长方体食盒,便于不打开笼门即可进行食盒的放入、取出和清洗,该类设置要求食盒为扁平长方体,取出、投放口刚好能满足食盒进出,以免水貂由该口逃出。

三、饲料加工室

为保证饲料的安全性,必须设置专用饲料加工室,进行饲料原料的冲洗、粉碎、蒸煮和调制,以保障供应足量和洁净的饲料。饲料加工室应有洗涤、熟制、粉碎设备以及电动机、搅拌机、绞肉机等。还应有很好的上下水和室内水泥抹光,以便于清洗。饲料原料及加工好的饲料不宜在饲料加工室存太长时间,一般要当天用完,特别是气温炎热、细菌繁盛的夏季,要根据实际情况决定1天加工1次或2次饲料,剩余原料和饲料要及时送回低温储藏室。饲料加工室要每天及时清理,进入饲料室要换专用靴和工作服,无关人员严禁入内,以防污染源进入,杜绝病从口入。

四、饲料储存室

饲料储存室包括冷库和干饲料原料仓库。谷物、豆粕等不易变质的干饲料放在饲料仓库即可,一般要求阴凉、干燥、通风,无鼠害、虫害即可。冷库主要是储存新鲜动物性饲料原料或易氧化变质的干粉性动物饲料,如鱼粉、肉粉等,还可以保存貂皮。冷库库容可根据当地饲料条件、常年使用大宗动物性饲料来源、养殖规模、自身资金条件等综合考虑。在养殖规模小、不具备建设冷库条件时,可建设简易冷藏室或以大容量冰柜代替。此外,北方地区无法常年生产新鲜蔬菜,为保证水貂维生素供应,可建菜窖储藏蔬菜。

五、毛皮加工室

毛皮加工室是剥取水貂皮张和进行初加工的场所。一般包括:剥皮、刮油、洗皮、上楦、干燥、验质、储存等场所。烘干室为单独的房间,室内温度在20℃～25℃为宜,皮张可以悬挂烘干,还要备好热空气通风管,随时向烘干室内吹送干燥热风,促进皮张干燥。注意烘干速度要由专门技术人员进行控制,以免影响皮张质量。室内还要避免高温热源,以免发生与其临近的皮张干燥过快、脂肪融化浸润或皮板胶质化等危害。皮张加工室内可安放宽大、平坦案台和光强适宜的灯光、遮光良好的窗帘,以进行皮张加工前后的初步验等、分级工作。

六、综合技术室

包括兽医防疫室、分析化验室,即生产技术室。兽医防疫室主要负责全场的卫生防疫和疾病的诊断工作,应备消毒药具和相应的医疗器械及药品;分析化验方。如貂场规模不大,有相应人员负责疫病防治即可;如规模较大,则应尽力配齐为好。为处理突发疾病,综合技术室应准备手术器械、注射器、消毒药品和消毒器械以及常用药品,并由专人建立档案进行管理。

七、其他建筑和用具

其他建筑主要有供水、排水设备,供电设备(照明电、动力电齐备),供暖、围墙和值班室等,远离市镇或大型养殖场还要有员工休息室和食堂。另外,还要准备捕水貂笼(窜笼)、捕水貂网、喂食车、喂食桶、水盆、食碗等;有条件的要建设单独的清洗室,进行喂食、饮水设施的清洗,条件不具备时,也不可在饲料室清洗,以免污染饲料,诱发疾病。还要有垃圾清运车、铁锹等用来清运养殖废弃物,在远离养殖场区建设无害堆肥场,条件允许的还可以建设配套的沼气设施,变废为宝,为貂场提供能源和动力,沼液和沼渣也可成为绿色肥料,实现循环、健康的养殖模式。

第四章 水貂饲料配制技术

第一节 水貂营养需要和饲养标准

水貂是肉食性、毛皮用哺乳动物,其消化生理主要有以下几个特征:

其一,门齿小而短,犬齿长而尖锐,白齿咀嚼面不发达。

其二,水貂消化道较短,一般只有体长的4倍(猪是体长的25倍),胃容积仅有60～100毫升,没有盲肠,饲料在体内停留时间短(1.5～4小时)。

其三,主要依靠酶的消化。其消化系统成熟较晚,仔貂蛋白酶、胰蛋白酶、胰凝乳蛋白酶的活性和数量是在出生后12周内逐渐增加的,所以初生仔貂对蛋白质的消化率较低。水貂消化腺分泌的淀粉酶较少,故水貂对碳水化合物的消化能力有限。

水貂独特的消化生理特点和经济价值,决定了水貂对营养物质需要。目前,水貂生产中常用的营养标准主要有两个:一是NRC(美国国家科学委员会)的水貂饲养标准(1982),其推荐量是满足水貂正常生长、繁殖、生产和健康的最低需要量,但不包括安全系数;二是N.J.F(北欧农业科学家协会)的水貂饲养标准(1985),此标准在制定能量和各种营养物质的需要量时,综合考虑了饲料化学组成差异、不同品种的遗传差异以及气候和畜舍对需要量的影响,根据此标准设计的日粮可以满足水貂正常生产的需要,较为实用,因此一般北欧国家均使用这一标准。

一、能量需要与营养标准

能量是指动物体维持生命所需要的热能。水貂从饲料中获得能量，用于各种生命活动，如维持体温、生长发育、内脏活动、肌肉收缩等。在水貂营养研究中，曾经分别使用总能（GE）、消化能（DE）和代谢能（ME）分别来表示饲料的能值，但当评定饲料的有效能值时，常用饲料的代谢能作为指标。代谢能又可分为生长代谢能（贮存能量和饲料热增耗）和维持代谢能（基础代谢能、肌肉活动耗能和体温调节耗能）。由于水貂各生长时期，其体外环境及体内代谢活动不同，故水貂能量需要亦因时期的不同而有所变化。大量研究表明，水貂等毛皮动物用于维持的能量需要远高于其他家畜。在饲喂典型日粮和正常生长发育的条件下，水貂生长前期维持代谢能（MEm）需要量为 551.16kJ/kg$^{0.75}$·d（千焦/千克代谢体重·天），冬毛期维持代谢能（MEm）需要量为 579.62 千焦/千克代谢体重·天。水貂妊娠期的能量需要量很低，略高于维持需要量；但泌乳期的能量需要量与母貂产仔数、仔貂日龄有关，一般母貂泌乳期前 24 天的能量需要为 57 千焦/仔貂·天。

通常饲料的代谢能（ME）值是根据饲料的可消化蛋白质（DCP）、可消化脂肪（DEE）和可消化碳水化合物（DCAB）来估计的，计算方法通常使用 NRC（1982）和 Enggaard Hansen（1992）共同使用的计算公式：

$$ME(kJ/g)=18.8\ DCP+39.8\ DEE+17.6\ DCAB$$

二、蛋白质、氨基酸需要与营养标准

蛋白质存在于动物活细胞中，与生命活动密切相关，是构成水貂机体组织、细胞及其新陈代谢必要的物质基础，参与组成体内多种酶类、激素、血红蛋白、肌肉蛋白、免疫球蛋白等，有着极为重要的生物学功能。水貂体内含量最多的营养物质是水分，占体重的

55%～66%,其次即为蛋白质,约占成年貂体重的 20%,水貂的肌肉、毛发、爪趾均主要由蛋白质构成,而毛皮是其主要产品,所以水貂对蛋白质的需求更加严格。

水貂的蛋白质需要量,通常以可消化蛋白质占日粮代谢能的百分比表示。研究表明,水貂生长期各个阶段适宜蛋白质水平分别为(以可消化蛋白质占代谢能的百分比计算):10～15 周龄,32%;16～17 周龄,42%;19～21 周龄,32%;22～24 周龄,31%。在水貂生长后期,当可消化蛋白质提供的能量占代谢能的 30%时,即可满足水貂机体增重和毛皮发育的需要,可消化蛋白质占日粮代谢能 25%的水平对水貂毛皮质量不产生明显影响。在准备配种期,雄性水貂日粮适宜蛋白质水平为 25.2%、粗蛋白质日采食 20.18 克;雌性水貂适宜粗蛋白质水平为 32%、粗蛋白质日采食量为 19.75 克。在妊娠期及泌乳期,日粮蛋白质含量应根据水貂的妊娠天数、仔貂数量、仔貂日龄做出调整,妊娠中期和泌乳中期饲料粗蛋白质含量分别为 36%、45%时,母貂可以发挥出较好的繁殖性能。

氨基酸是蛋白质的基本功能单位,水貂蛋白质的营养即为氨基酸的营养。在饲喂传统日粮时,含硫氨基酸,即蛋氨酸和胱氨酸是限制水貂毛皮生长的首要因素。当可消化蛋白质占日粮代谢能的 20%～25%时,生长期水貂蛋氨酸＋胱氨酸需要(克)分别为:10～19 周龄:2.6～2.7 克/100 克粗蛋白质;20～24 周龄:3.7～4.7 克/100 克粗蛋白质;25～30 周龄:3.0～3.1 克/100 克粗蛋白质。水貂必需氨基酸的需要量见表 4-1:

表 4-1　水貂必需氨基酸需要量　(克/418 千焦代谢能)

氨 基 酸	断奶至 8 月 15 日	8 月 16 日至打皮
蛋＋胱氨酸	0.20	0.30
赖氨酸	0.40	0.40

续表 4-1

氨 基 酸	断奶至 8 月 15 日	8 月 16 日至打皮
色氨酸	0.03	0.03
苏氨酸	0.27	0.27
组氨酸	0.15	0.15
苯丙氨酸	0.30	0.30
酪氨酸	0.22	0.22
亮氨酸	0.50	0.50
异亮氨酸	0.30	0.30
缬氨酸	0.35	0.35
精氨酸	0.40	0.40

三、脂肪、脂肪酸需要与营养标准

脂肪是构成动物体的必需成分,是动物体热能的主要来源,也是最好的储能物质。水貂对脂肪的需要量相对蛋白质而言较低,但脂肪不足时同样会影响水貂的生长、繁殖等,甚至引发疾病;饲料中脂肪过多,会导致适口性下降,降低水貂采食量,容易影响水貂健康和毛皮质量。此外,水貂日粮中添加的脂肪要新鲜,酸化腐败的脂肪会引起水貂黄脂肪病等。水貂各时期脂肪推荐量为(占代谢能百分比):生长期 44%～53%;冬毛期(含生长后期)42%～47%;妊娠期 34%～37%;泌乳期 47%～50%。

脂肪酸是构成脂肪的重要成分,按照结构性质可分为饱和脂肪酸和不饱和脂肪酸 2 种,其中在动物生命活动中所必需的、但自身体内又不能大量合成、必须从饲料中获取的脂肪酸称为必需脂肪酸。水貂日粮中脂肪除含量必须达到一定要求外,还必须满足水貂对必需脂肪酸的需要。在水貂脂肪酸营养中,亚麻油酸、次亚麻油酸和二十碳四烯酸是必需脂肪酸。水貂必需脂肪酸的最低需要量为干物质含量的 0.5%，妊娠期和泌乳期为 1.5% 时，才能维持健康。泌乳期母貂的脂肪需要量要根据仔貂的数目和生长情况来确定，但此时期水貂需要大量的亚油酸，当添加量占代谢能 5% 时最为适宜。

四、碳水化合物需要与营养标准

碳水化合物是一类含碳、氢、氧 3 种元素的有机物，因氧和氢之比为 1∶2，与水组成相同，故称碳水化合物。碳水化合物主要分为 2 种：粗纤维和无氮浸出物。其中粗纤维主要成分是纤维素、木质素、胶质等。无氮浸出物主要包括淀粉和糖类。

水貂作为肉食性动物，消化道内碳水化合物的分解酶数量较少，对粗纤维的消化能力很低，因此粗纤维对水貂并无实际营养意义，但是日粮中含适量的粗纤维，有助于维持消化道的正常蠕动。无氮浸出物中的糖类和淀粉对水貂意义重大，在水貂营养中，碳水化合物摄入量占水貂摄入营养的 1/3，是主要的能量来源之一，除提供能量外，多余的碳水化合物可以转换为脂肪在体内储存，作为能量储备。另外，碳水化合物虽然不能转化为蛋白质，但是适当增加饲料中碳水化合物的含量可以减少蛋白质的分解，起到节省蛋白质的作用，防止因脂肪不完全氧化产生而过多的酮体，对于调节物质代谢、降低饲料成本具有积极意义。

实际生产中，水貂饲料中碳水化合物的主要来源是谷物和大豆饼粉等，动物和鱼体内也含有少量的动物淀粉和乳糖等。建议日粮中碳水化合物含量一般不低于代谢能的 10%，不高于 30%，以 15%~25% 为宜，其中在生长期和冬毛期日粮碳水化合物水平为占代谢能的 15%~30%，妊娠期和哺乳为 10%~20%。

五、维生素需要与营养标准

相对其他成分而言,维生素在饲料中的含量很低,但却是维持动物机体正常生理功能必不可少的。由于人工饲养的水貂采食范围和种类受到了限制,因此日粮中需补充一定数量和种类的维生素。

维生素根据其可溶性分为脂溶性维生素和水溶性维生素两大类。

(一)脂溶性维生素　是指可以溶于脂肪,但不能溶于水的维生素,包括维生素 A、维生素 D、维生素 E 和维生素 K 等。

维生素 A 主要作用是维持正常视力,促进仔貂生长,使骨骼正常发育,增强对各种疾病的抵抗力,还可参与性激素的形成,提高水貂繁殖力。饲料中缺乏维生素 A 时,会导致仔貂生长发育受阻,表皮和黏膜上皮角质化,严重时会引起水貂繁殖性能和毛皮品质的下降。生长期水貂日粮中维生素 A 添加量为 100~400 国际单位(1 国际单位=0.3 微克)。

维生素 D 主要作用是维持水貂正常的钙、磷代谢水平,缺乏时往往会引起水貂软骨病,甚至影响繁殖性能。由于维生素 D 可以经过阳光照射在水貂体内合成,所以水貂很少出现维生素 D 缺乏症状。

维生素 E 在日粮中可以作为一种抗氧化剂,防止维生素 A 的氧化等;另外,维生素 E 本身可以参与脂肪代谢,维持内分泌腺的正常功能,使性腺细胞正常发育,提高繁殖性能。每只水貂饲料中每天添加 5 毫克维生素 E,可有效降低水貂空怀率,防止水貂的习惯性流产,提高产仔数以及仔貂成活率。

维生素 K 主要作用是维持机体血液正常凝固,催化合成凝血酶原。水貂维生素 K 缺乏症较少见,一般不需要外源补充。

(二)水溶性维生素　指可以溶于水的维生素,主要包括 B 族维生素和维生素 C。

维生素 B_1 也称硫胺素,水貂基本不能合成,因此需要通过日粮补充。其主要功能是促生长,助消化,特别是可以促进碳水化合物的消化,还可以维持神经组织、肌肉和心脏的正常活动。缺乏维生素 B_1 会降低水貂对碳水化合物以及脂肪的利用率,导致水貂食欲减退,消化紊乱,并出现后肢麻痹、颈强直、震颤等神经炎症状。幼龄水貂日粮中维生素 B_1 需要量为 1.2 毫克/千克干物质,或者 33 毫克/400 千克代谢能。当向每千克日粮干物质中添加 1～24 毫克的维生素 B_1 时,水貂肌肉、心脏以及尿液中的硫胺素水平会显著增加。

维生素 B_2,即核黄素,通过构成机体内多种酶类的辅酶来参与细胞的呼吸作用。一旦缺乏,会影响仔貂生长发育和种貂的繁殖能力。生长期水貂日粮中核黄素的添加量为 1.5 毫克/千克干物质,或者 40 微克/420 千焦代谢能。

维生素 B_3,又称泛酸,主要参与构成辅酶 A,与蛋白质、脂肪和碳水化合物三大营养物质的代谢均有密切关系,主要作用是维持消化系统健康。缺乏时,幼貂食欲不受影响,但是生长发育受阻,体质衰弱;成年貂缺乏会使繁殖性能下降,冬毛生长期出现毛绒变白现象。日粮中维生素 B_3 含量为 0.20 毫克/420 千焦代谢能时,可以满足水貂需要。

维生素 B_5,常称维生素 PP、烟酸,参与构成辅酶,对机体新陈代谢有着重要作用。缺乏时,水貂出现食欲减退、皮肤发炎、被毛粗糙等症状。

维生素 B_6(吡多醇),主要功能是参与蛋白质代谢,维持造血功能,为神经系统功能正常运转提供营养。缺乏会导致神经系统功能障碍,表现为肌肉痉挛,生长停滞,出现贫血和皮肤炎症。

维生素 B_{11},俗称叶酸,主要作用是防止恶性贫血。

维生素 B_{12}(氰钴胺),主要作用是调节骨髓造血功能,与红细胞的成熟密切相关,当缺乏时会导致红细胞浓度下降,神经的敏感性增强,严重影响繁殖力。当日粮中维生素 B_{12} 含量达到 30 毫克/千克干物质时,即可满足水貂的生长需要。

生物素,可影响机体中多种有机物的代谢。水貂对生物素的需要可低至每 420 千焦代谢能中含有 0.003 毫克。

胆碱,缺乏时,会引起肝脏中过多的脂肪沉积,形成脂肪肝,并使幼貂生长发育受阻,母貂泌乳能力不足,严重时会影响水貂毛绒色泽。

维生素 C(抗坏血酸),主要参与生成细胞间质和体内许多氧化还原反应,可以预防、治疗坏血病和贫血,是一种抗氧化剂,可用于解毒。缺乏时,仔貂发生红爪病。

六、矿物质需要与营养标准

矿物质在水貂机体中含量很少,并且不提供能量,但是对于维持水貂的健康生长具有重要的生理作用。其在参与细胞组成、维持细胞氧化、发育、分泌、增殖等重要的生理功能中都发挥着重要的作用,还对神经和肌肉组织兴奋性的发挥有着重要影响,在食物的消化和吸收、水的代谢平衡、酸碱平衡、血液正常渗透压的调节等方面,也有着重要作用。适量的矿物质供给是维持毛皮动物健康、生长和生产的必要条件,根据必需矿物质元素在动物体内的含量或动物日粮的需要量,可分为常量元素和微量元素。下面对在水貂营养需要中影响较大且容易出现缺乏的几种矿物质元素加以介绍:

(一)常量元素

1. **钙和磷**　主要功能是构成水貂的骨骼和牙齿,还有一部分存在于血清、淋巴液及软组织中。维生素 D 与钙和磷的吸收关系密切,当日粮中维生素 D 及磷的含量不足而钙含量过高时,仔貂行走困难,严重时会难以站立;水貂缺乏钙、磷或者维生素 D 时,表现后腿僵直、用脚掌行走、腿关节肿大、腿骨弯曲等症状。

仔貂及妊娠、泌乳期的母貂需要量比较大。7～37周龄的生长期水貂钙需要量占日粮干物质的0.5%～0.6%。同时,水貂机体是按一定比例来吸收钙和磷的,因此钙磷比例同样重要,一般日粮中钙磷比例在1～1.7：1范围内较好,否则不利于骨骼的生长。一般认为当日粮中维生素D含量为820单位/千克干物质时,生长期水貂的钙需要量为0.4%～1.0%,磷需要量为0.4%～0.8%。

2. 钠、氯和钾　钠主要作用是保持细胞与血液间渗透压的平衡,维持机体内的酸碱平衡,同时可以调节心肌的活动。氯在机体内分布较广,缺乏时会导致胃液中盐酸减少,食欲减退,甚至造成消化障碍。钾是细胞的主要成分,存在于水貂的各个组织中,其中肌肉、肝脏、血细胞和脑中含量较多。缺钾时仔貂易出现肌肉发育不充分、心脏功能失调、食欲减退、生长发育受阻等症状。

钠和氯的补充主要通过向饲料中添加食盐。一般向湿料中添加0.5%或者干料中添加0.8%～1.2%的食盐,可以满足妊娠期和泌乳期水貂对钠和氯的需要。在其他时期,水貂对钠和氯的需要量更低。水貂食入过量的钠和氯是有害的,繁殖期日粮中食盐添加量占干物质的1.5%时,水貂的繁殖性能将会降低。水貂饲料中钾的推荐量为0.3%,可以满足种貂和生长期水貂的需要,一般以容易被吸收的无机盐形式进行补充,这些无机盐包括氯化钾、碳酸钾、硫酸钾、磷酸氢二钾等。

3. 镁　是构成骨骼和牙齿的成分之一,是骨骼正常发育所必需的元素,在水貂的生命活动起着重要的作用。缺乏镁可导致痉挛症,出现神经过敏、震颤、面部肌肉痉挛、步态不稳、惊厥。生产中一般水貂日粮中镁推荐浓度为450毫克/千克,一般以硫酸镁和氧化镁细粉的形式吸收率较高。

4. 硫　是合成含硫氨基酸的必需元素,其作用主要是通过含硫有机物来实现,例如含硫氨基酸合成体蛋白质、被毛和部分激素;硫胺素参与碳水化合物的代谢,并增进胃肠道的蠕动和胃液分泌,有助于营养物质的消化和利用;硫作为黏多糖的成分参与胶原组织的代谢。硫缺乏时会导致黏多糖合成受阻,导致上皮组织干燥和过度角质化,严重缺乏时,水貂食欲减退或丧失,掉毛,被毛粗乱,皮毛生长会受到严重影响,有时会因体质虚弱而引起死亡。

(二)微量元素

1. **锌** 对维持水貂正常代谢和繁殖意义重大,锌是水貂体内多种酶的组成成分,并参与激活多种酶系统。缺乏时会导致水貂食欲降低、生长受阻、鼻镜干燥、口舌发炎、关节僵硬、趾部肿胀、皮肤不完全角质化;锌过量同样会使水貂产生厌食,不利于其他元素如铁和铜的吸收,引起贫血和生长迟缓。生产实践中,锌的推荐量一般为57~94毫克/千克饲料。研究表明,添加蛋氨酸螯合锌效果要优于硫酸锌。

2. **铁** 水貂体内90%以上的铁元素与蛋白质结合,包括血红蛋白、转铁蛋白、铁蛋白、血铁黄素等,存在于血液、肝脏、脾脏、肾脏和骨髓中,参与血氧、铁等的转运和贮存等。铁参与体内大量的生化反应,缺乏主要症状为贫血,有时还伴有腹泻现象,另外还会使水貂绒毛色彩暗淡、毛绒粗乱、生长受阻。水貂饲料中铁含量为50~100毫克/千克较好,一般以硫酸亚铁形式添加。

3. **锰** 是体内许多酶的激活剂,并参与许多酶的组成。缺乏时可使骨骼发育受损,生长迟缓,性成熟推迟,母貂发情不明显、妊娠初期易流产,出现死胎和弱仔。锰过量时可以导致水貂食欲降低,影响钙、磷和铁的利用率,还会导致缺铁性贫血。建议用量为40~50毫克/千克饲料。通常以硫酸锰和蛋氨酸锰的形式补充。

4. **硒** 其代谢和维生素E密切相关,有助于维生素E的吸收和贮存,具有抗氧化作用。饲料中缺硒可导致白肌病,水貂行走和站立困难,弓背,全身麻痹,对疾病的抵抗力降低,仔貂食欲降低、消瘦、生长停滞;母貂繁殖功能紊乱,出现空怀或胚胎死亡。日粮中硒的含量一般建议为 0.05～0.42 毫克/千克。因为超量硒可引发严重的中毒,所以由专门的添加剂补充,在不缺硒地区不建议添加。

5. **铜** 是水貂毛皮正常色素沉着所必需的元素,对维持水貂正常生长和毛皮发育有重要作用。缺乏铜会降低水貂吸收铁和从组织中动员并利用铁合成血红蛋白的能力,同时会导致生长发育迟缓、腹泻、不育、被毛褪色、胃肠消化功能障碍等症状。过量采食铜会使水貂出现血红蛋白尿和黄疸,并使组织坏死,迅速死亡。水貂日粮中铜的推荐量为 4.5～6.0 毫克/千克。

6. **碘** 是合成甲状腺激素的必需元素,而甲状腺激素是水貂正常生长和繁殖所必需的。碘缺乏的主要症状是甲状腺肿,死胎、弱仔。水貂日粮中碘的推荐含量为 0.2 毫克/千克。畜牧盐或人用粗盐均含碘,能够满足水貂需求,一般不必额外添加。

因为微量元素超量应用多具有毒性,且水貂体重较小,机体承受力较低,所以建议涉及微量元素添加以专业产品为主。

第二节 水貂常用饲料与参考日粮配方

一、水貂饲料种类

在生产实践中,用于水貂的饲料种类很多,通常把水貂的饲料分为动物性饲料、植物性饲料、添加饲料和配合饲料。

(一)动物性饲料 主要包括鱼类饲料、肉类饲料、鱼及肉类副产品饲料、干动物性饲料、奶和蛋类饲料等。

1. **鱼类饲料** 是水貂动物性蛋白质的主要来源之一。我国沿海地区、内陆江河及湖泊水库,每年都生产大量的小杂鱼,其中除河豚、马面豚等有毒鱼类之外,均可以作为水貂的动物性饲料。

鱼类饲料含动物性蛋白质较高,还含有丰富的维生素 A、维生素 D 和矿物质,其消化率几乎与肉类饲料相同,仅比牛肉低 2%～3%。海杂鱼类饲料来源比较广泛,价格相对较低,能量一般为3.35～3.77 兆焦/千克,可以满足水貂各个生物学时期的营养需要,适合作为水貂常年饲料使用。在繁殖期应饲喂蛋白质含量较高的鱼类,如海鲇鱼、偏口鱼等;秋冬季节应饲喂含脂肪较高的鱼类,如带鱼等,其他时期可饲喂廉价的海杂鱼。

新鲜的海杂鱼可以生喂,这样适口性强,蛋白质消化率高,过度加热会破坏赖氨酸,同时使精氨酸转化为难以消化的形式,色氨酸、胱氨酸和蛋氨酸也容易遭到破坏。少数海杂鱼和多数淡水鱼中含有硫胺素酶,对维生素 B_1(硫胺素)有破坏作用,生喂后会引起维生素 B_1 缺乏,应蒸煮后饲喂。鱼类不饱和脂肪酸含量较高,储存不当时容易氧化变质,因此可以对轻度变质的海杂鱼和来源不明的鱼类加热,以起到消毒杀菌的作用。

日粮中全部以鱼类作为动物性饲料时,可占日粮重量的70%～75%,并且要多种鱼混合饲喂,因为不同种类鱼体组成中氨基酸比例不同,混合饲喂有利于氨基酸的互补;鱼类饲料与肉类饲料搭配使用时,鱼类可占动物性饲料的 40%～50%。一般来讲,鱼肉混合作为动物性饲料进行饲喂,效果比单独使用鱼类及使用品种单一的鱼类效果更好。

2. 肉类饲料 是水貂日粮中全价蛋白质饲料的重要来源,它含有与水貂机体组成相近数量和比例的必需氨基酸,同时还含有脂肪、维生素、矿物质等营养成分。动物肉类饲料种类多,适口性强,消化率高,是毛皮动物理想的饲料原料。

各种动物的肉,只要新鲜、无病、无毒,均可使用到水貂饲料中,并以生喂为好,对来源不明或者不新鲜的肉类,应进行无害化处理后煮熟再饲喂。但煮熟后由于蛋白质变性凝固,导致消化率降低,重量也有损失,因此饲喂熟肉饲料时要比生喂时重量增加

10％左右。

生产中常使用的肉类饲料包括：

(1)新鲜碎骨 如鲜碎骨、肋骨、小骨架(兔骨架、鸡骨架、鸭骨架)等，含粗蛋白质约20％，热量约5兆焦/千克，同时还可以起到补充钙、磷的作用。使用时骨架连同残肉一起绞碎饲喂，较大骨架可以用高压锅或蒸煮罐高热软化后使用。鲜碎骨饲喂量一般占动物性饲料的10％～15％。

(2)痘猪肉(囊虫病猪肉) 经高温处理后可以利用，熟制后一般含粗蛋白质27％，粗脂肪22％，在日粮中可占动物性饲料的10％～20％，比例不宜过高。

(3)鼠类 缺少动物性饲料的地区可以充分开发或者利用这一资源，具有很好的饲喂效果。但应注意不能用化学药品捕鼠，防止水貂食入后中毒死亡。捕获的鼠类在饲喂前，应进行无害化处理，以免感染传染病或寄生虫病等。

(4)公鸡雏 具有全面的营养价值，配合鱼类饲料饲喂效果更好。饲喂量可占日粮的25％～30％。

(5)全羊羔肉 用时要将内脏全部除去煮熟后饲喂，饲喂量可占日粮的30％～40％。

(6)狐、貉、麝鼠、海狸鼠等毛皮动物胴体 这些是毛皮动物取皮后的副产品，产量较高，属于全价蛋白质饲料，可以用在水貂日粮中(注意不要使用水貂胴体饲喂水貂)，最好煮熟后饲喂，繁殖期不宜使用。

3.鱼及肉类副产品饲料

(1)鱼副产品 我国沿海地区水制品厂等出产大量的鱼头、鱼骨架、内脏及其他下脚料，可以用做水貂饲料。新鲜的骨架可以生喂，繁殖期饲喂量不能超过动物性饲料的20％，幼龄水貂冬毛期和生长期可增至40％，动物性饲料的其他部分应尽量选择质量较好的海杂鱼或者肉类，否则会引起水貂的营养不良。新鲜程度较差的鱼副产品应熟喂,尤其是鱼类内脏较难保鲜,煮熟后饲喂较为安全。

(2)畜禽类副产品 包括畜禽的头、骨架、内脏和血液等,这类饲料中除肝脏、心脏、肾脏和血液外,大部分含结缔组织或矿物质较多,氨基酸含量过低或比例不当,因此蛋白质消化率和生物学价值都比较低,但可以很好地提供部分能量及蛋白质,而且价格便宜,来源广泛,适当利用可以有效促进水貂的养殖。

①肝脏。是水貂理想的全价动物性饲料,粗蛋白质含量为20%、粗脂肪含量为5%,还有多种维生素和矿物质,维生素 A 和维生素 B_{12} 丰富,是水貂繁殖期和育成期的必要饲料。摘除胆囊的新鲜肝脏可以生喂,但肝脏有轻泻作用,故饲喂量不宜过多,一般占动物性饲料的 15%~20%,饲喂时应由少到多逐渐增加,以免引起腹泻。

②肾脏和心脏。二者的蛋白质和维生素含量都十分丰富,适口性好,消化吸收率高,但来源少,价格高,可以考虑在繁殖期适当供给。肾脏不宜在繁殖期使用,其含的激素可能会导致水貂生殖功能紊乱。

③肺脏。由于结缔组织较多,蛋白质效价较低,对胃肠有刺激作用,水貂采食后容易发生呕吐现象,并且肺脏中常带有病原菌和寄生虫,应该煮熟后饲喂,饲喂量可占动物性饲料的 10%~15%。

④胃、肠、脾。一般粗蛋白质含量为 14%左右,粗脂肪含量为1.5%~2%,维生素及矿物质含量更低,营养价值总体不高,但可用于代替部分肉类饲料,适口性较好,由于胃肠中含有部分病原菌,应熟喂,饲喂量不能超过动物性饲料的 20%~30%。

⑤子宫、胎盘和胎儿。也可以作为水貂饲料,但主要应用于生长期,由于含有生殖激素,在配种期和妊娠期不宜使用,以免导致水貂生殖功能紊乱甚至流产。

⑥血液。营养价值较高,含 17%~20%的粗蛋白质和大量易

于吸收的铁、钾、钠、钙、磷等矿物质和少量维生素,熟制后消化率降低,故新鲜血应生喂,但陈血最好熟喂,血粉和血豆腐可直接添加到饲料中饲喂,因血中矿物质含量较多,有轻泻作用,故饲喂量不宜过多,用量可占动物性饲料的 10%～15%。

⑦禽类副产品。主要有头、爪、翅膀、内脏等,使用量可占动物性饲料总量的 20%。在繁殖期,为避免扰乱水貂生殖功能,不宜使用鸡头、卵巢、鸡肠等可能含有激素的副产品。

4. 奶蛋类饲料

(1)奶类饲料 主要包括牛、羊鲜奶和酸奶、脱脂奶、奶粉等奶制品,可以提高饲料的消化率和适口性,富含蛋白质、脂肪、矿物质和多种维生素,必需氨基酸全价且比例与水貂营养需要相似,因此易于水貂消化和吸收。但奶类价格较高,一般在水貂繁殖期适量使用,有条件的养殖单位可以在水貂养殖的同时饲养奶牛、奶山羊等,以降低饲养成本,提高饲养效果。

妊娠期鲜奶饲喂量一般每天 30～40 克,最多不能超过 50～60 克,有条件的其他时期可添加 15～20 克。鲜奶易变质,使用时要加热至 70℃～80℃,灭菌 15 分钟后饲喂。奶粉调制成奶粉汁后,其成分与鲜奶基本相同,一般要现用现冲,防止酸败。奶制品添加量不能超过饲料总量的 30%,过多会引起水貂腹泻。

(2)蛋类饲料 鸡蛋、鸭蛋和鹅蛋等蛋类营养丰富,容易消化和吸收,主要用于配种期和妊娠期,由于其含有抗生物素蛋白,生喂易使水貂发生皮肤炎、脱毛等症状,应煮熟后饲喂。准备配种期公貂每日饲喂 10～20 克,有助于提高精液品质,妊娠或泌乳母貂每日饲喂 20～30 克,可以促进胚胎发育、提高仔貂成活率、促进乳汁分泌。石蛋和毛蛋经过煮熟消毒也可以用来饲喂水貂。

5. 干性动物饲料

(1)鱼粉 由鲜鱼经干燥粉碎加工而成,粗蛋白质含量可达65% 以上,一般在 60% 左右,含盐量为 2.5%～4%,钙为 5.44%,

磷为 3.44%,钙磷比例好,B 族维生素尤其是核黄素、维生素 B_{12} 含量高。质量好的鱼粉饲喂量可以占到动物性饲料的 20%～25%。

(2)肉骨粉　以不宜食用的家畜躯体、骨、内脏等作为原料,熬油后干燥所得产品,粗蛋白质含量为 50%～60%,赖氨酸含量高,B 族维生素含量较多,脂肪含量高,在鲜鱼和肉类产品缺乏时,可以作为很好的水貂饲料原料。建议饲喂量为日粮干物质的 20%以下。

(3)血粉　是以动物血液为原料,脱水干燥而成,粗蛋白质含量为 80%～85%,含赖氨酸、蛋氨酸、精氨酸、胱氨酸较多,有利于水貂毛绒和幼貂的生长,但血粉消化率较低,故用量不宜过多,一般占动物性饲料的 10%～15%。

(4)羽毛粉　由禽类的羽毛经过高温、高压和焦化处理后粉碎制成,粗蛋白质含量为 80%～85%,含有丰富的胱氨酸、谷氨酸和丝氨酸,在春秋换毛季节饲喂有利于水貂毛绒的生长,并可以预防水貂的自咬症和食毛症。但蛋氨酸和赖氨酸含量较低,营养不均衡,含有大量的角质蛋白,不利于水貂的消化吸收,而且适口性较差,一般需要与其他动物性饲料配合使用,建议冬毛期添加量为 5%以下。

干动物性饲料还有肝渣粉、蚕蛹粉等,均可以用来饲喂水貂,但要严格检验新鲜度,防止发霉变质。

(二)植物性饲料　主要包括各种谷物、油料作物和各类果蔬类,主要为水貂提供碳水化合物,是水貂日粮中能量的主要来源。

1.谷物饲料

(1)玉米　是水貂最主要的植物性能量饲料,含能量为 16.3 兆焦/千克,是各种谷物籽实中最高的。玉米粗蛋白质含量偏低,为 7%～8%,并且蛋白质品质较低,赖氨酸、蛋氨酸和色氨酸缺乏,但是玉米具有适口性好、种植面积广、产量高等优点,因此在水貂饲养中应用广泛。饲喂前一般要蒸煮或者膨化加工,水貂对未经熟化的玉米的吸收利用率低下,容易出现腹泻。

(2)小麦 小麦次粉或麦麸也有在水貂饲料中应用,其中麦麸蛋白质含量可高达 12.5%～17%,B 族维生素含量丰富,核黄素和硫胺素含量较高,但麦麸中钙、磷含量极不平衡,干物质中钙含量为 0.16%,磷含量为 1.31%,钙磷比为 1:8,严重影响钙磷吸收,因此使用麦麸作为水貂饲料时应特别注意补充钙,调整钙磷平衡。

(3)大豆饼粕 是我国常用植物性蛋白质饲料,含赖氨酸 2.5%～3.0%、色氨酸 0.6%～0.7%、蛋氨酸 0.5%～0.7%、胱氨酸 0.5%～0.8%,因赖氨酸和蛋氨酸含量限制,生物学效价受到影响,使用大豆饼粕的同时添加赖氨酸和蛋氨酸可以提高利用率。使用时要加热处理,以降低大豆饼粕中有害物质的含量;否则会引起水貂消化不良。正常加热的大豆饼粕应为黄褐色,有炒黄豆的香味;加热不足或者未加热的饼粕颜色较浅或呈灰白色,有豆腥味;加热过度,则呈暗褐色。一般大豆饼粕加工时温度应为 110℃左右。

(4)花生饼 去壳花生饼含蛋白质、能量都较高,其饲料价值仅次于豆饼,含赖氨酸 1.5%～2.1%、色氨酸 0.45%～0.61%、蛋氨酸 0.4%～0.7%、胱氨酸 0.35%～0.65%。花生饼贮存不当易感染黄曲霉菌,产生危害极大的黄曲霉毒素,应引起注意。

其他谷物类饲料如米糠、高粱面、葵花籽饼、亚麻籽饼等因适口性差、消化率较低等原因,在水貂饲料中很少使用。

谷物饲料一般按日粮干物质总量的 30%～50% 来添加,以多种搭配饲喂较为适宜。豆类和麦麸的纤维素含量较高,饲喂量不宜超过谷物类饲料总量的 20%～30%,否则易引起消化不良和腹泻。

2.果蔬类饲料 主要包括各种蔬菜、野菜和水果等,它们有助于改善水貂的饲料结构和适口性,提供丰富的维生素,宜生喂。可避免维生素和可溶性盐类的损失,对母貂的妊娠、产仔和泌乳都有良好的作用,并且果蔬类饲料中含有大量水分,多属于碱性饲料,有调节饲料容积和酸碱平衡的功能。推荐添加量为日粮总量的3%～5%。

(三)添加饲料 主要是补充水貂生长发育、繁殖及生毛所必需而一般饲料中不足或者完全缺乏的营养物质,主要有维生素和矿物质添加剂,此外还有一些特种饲料。

1. 维生素添加饲料 主要利用的有鱼肝油、酵母、小麦芽、棉籽油等。

(1)鱼肝油 是维生素 A 和维生素 D 的主要来源,水貂可按每只每天 200～500 国际单位投喂,最好是分食后滴入食盒中饲喂。常年饲喂肝脏和鲜海鱼,可以不必补充鱼肝油。鱼肝油中的维生素 A 易被氧化变质,保存时要注意密封,置于阴凉、干燥和避光处,不宜使用金属容器保存,另外要注意出厂日期,以防久存失效,变质的鱼肝油禁止饲喂水貂。

(2)酵母 不仅是 B 族维生素的主要来源,也是浓缩的蛋白质饲料,可以很好地补充蛋白质及部分维生素,主要包括面包酵母、啤酒酵母、药用酵母和饲料酵母,使用时除药用酵母和饲料酵母外,其他均需要加温处理,以杀死酵母中所含的大量活酵母菌,否则水貂采食酵母后,会发生胃肠鼓胀,严重时可引起死亡。使用时要与碱性的骨粉分开饲喂,防止酵母中的 B 族维生素遭到破坏。水貂日粮中干酵母添加量每只每天可加入 1～2 克;使用液态酵母时,用量增加 5～7 倍。

(3)小麦芽 是维生素 E 的主要来源,且含有钙、磷、锰和少量的铁,是水貂繁殖期补充维生素 E 的理想饲料。

(4)棉籽油 是维生素 E 的主要来源,一般每千克棉籽油中含维生素 E 3 克。饲喂时应选用精制棉籽油,因粗制棉籽油中含有棉酚等毒素。

2.矿物质饲料 水貂所需要的矿物质有些在一般饲料中即可满足,有些则需要适当补给。一般矿物质饲料有骨粉、食盐等。

(1)骨粉 是畜禽骨骼经蒸煮、干燥后磨成的粉末,是钙和磷的主要来源,含钙40%、磷20%,宜常年供给,繁殖季节和育成期的水貂应提高供给量,每只每天10~15克,以鱼为主或者经常供给鲜碎骨的日粮中,可以不加骨粉。

(2)食盐 是水貂营养中钠和氯的补充饲料,每只每天添加0.3~0.5克,添加过多会引起食盐中毒。饲喂以海杂鱼为主的日粮时,可少加或者不加食盐。

3.特种饲料 主要指那些既不提供水貂生命活动所必需营养物质,也不是饲料中的营养成分,但对饲料的贮存、品质改进、利用率或对水貂机体健康、养殖场环境改善有良好作用的添加饲料,主要包括抗生素、益生素、酶制剂和抗氧化剂等。

(1)抗生素 主要用于抑制多种微生物的生长,在水貂日粮中少量供给后,可以起到促生长、防疾病、提高成活率、延缓饲料腐败的作用,但长时间或者超量使用会破坏胃肠道内微生物群的正常功能。目前,水貂养殖中常用的抗生素有畜用土霉素、金霉素、杆菌肽锌、黏菌素等。

(2)益生素 主要由乳酸杆菌、双歧杆菌、芽孢杆菌、酵母菌及其他生长促进菌种组成,可以有效抑制病原菌群的繁殖,维护水貂机体健康。

(3)酶制剂 一般含蛋白酶、脂肪酶、淀粉酶和纤维素酶等,有益于水貂对饲料的消化和吸收。

(4)抗氧化剂 是抑制饲料脂肪酸败的物质。在水貂日粮中加入少量抗氧化剂,可以提高兽群成活率,防止脂肪组织炎。

(5)除臭剂 是近年来开发的新型添加饲料,可降低甚至消除水貂粪便的臭味,改善饲养环境。

（四）配合、浓缩及预混饲料 随着水貂养殖业的发展,加上动物性饲料原料奇缺、价格上涨等原因,满足水貂营养需要的配合饲料、浓缩饲料以及预混饲料近年来得到迅速发展。

1.配合饲料 主要采用常温下容易储存的鱼粉、肉骨粉、膨化大豆、膨化玉米、维生素以及微量元素等,配制蛋白质和能量含量适宜的干粉或者颗粒饲料,各种营养物质配比合理,保证了营养的全价性,基本可以满足水貂在育成期和冬毛期的营养需要,但在繁殖期应慎用。

2.浓缩饲料 指由2种或2种以上的蛋白质饲料、能量饲料、矿物质饲料或者添加剂预混料按照一定比例组成的饲料,通过与其他能量或者蛋白质饲料混合后,可以满足水貂主要营养需要的一种蛋白质含量较高的混合饲料。

3.预混合饲料 指由2种或者2种以上的微量元素、维生素、氨基酸或者非营养性添加剂等微量成分加载体或者稀释剂均匀混合而成的饲料。

二、水貂参考日粮配方

水貂日粮配方的制作要依据水貂的营养标准来制定。在生产实践中,常用的营养标准有NRC(1982)水貂营养需要标准(表4-2)等。日粮配方的制作有以重量为基础和以热量为基础2种(表4-3、表4-4)。

表4-2 NRC(1982)水貂营养需要

营养物质	生长期 (断奶至取皮)	维持需要 (准备配种期)	妊娠期	泌乳期
能量(千焦)	22190	17794	22190	※
蛋白质(%)	25	?	?	?

续表 4-2

营养物质	生长期（断奶至取皮）	维持需要（准备配种期）	妊娠期	泌乳期
脂溶性维生素：				
维生素 A（国际单位）	3500	?	?	?
维生素 E（毫克）	25	?	?	?
水溶性维生素：				
叶酸（毫克）	0.5	?	?	?
烟酸（毫克）	20.0	?	?	?
泛酸（毫克）	6.0	?	?	?
维生素 B_6（毫克）	1.1	?	?	?
维生素 B_2（毫克）	1.5	?	?	?
维生素 B_1（毫克）	1.2	1.1	?	?
无机盐：				
钙（%）	0.4	0.3	0.4	0.6
磷（%）	0.4	0.3	0.4	0.6
钙磷比	1～2：1	1～2：1	1～2：1	1～2：1
食 盐	0.5	0.5	0.5	0.5

注：1. 本表中营养需要是每千克干物质中所含的数量或者百分比

2. 本表中※为水貂哺乳期的能量需要，应根据窝产仔数及哺乳仔貂数来确定

3. 本表中？表示该数据为未知数

表 4-3 以热能为基础的日粮标准 （每只·每天）

饲养时期	月 份	代谢能（千焦）	可消化蛋白质（克）	占代谢能（%）			
				鱼、肉类	乳、蛋类	谷 物	果蔬类
准备配种期	12～2	240～280	23～30	65～70	—	25～30	4～5
配种期	3	230～260	23～28	70～75	5	15～20	2～4

续表 4-3

饲养时期	月　份	代谢能（千焦）	可消化蛋白质（克）	占代谢能（%）			
				鱼、肉类	乳、蛋类	谷　物	果蔬类
妊娠期	4	250～300	27～35	60～65	10～15	15～20	2～4
泌乳期	5～6	230	23～30	60～65	10～15	15～20	3～5
育成期	7～8	150～300	20～30	65～70	5	20～25	4～5
冬毛期	9～11	250～300	25～30	60～65	5	25～30	4～5

表 4-4　以重量为基础的日粮标准　（每只·每天）

饲养时期	月份	日粮（克）		日粮组成（%）							
		重量	可消化蛋白质	鱼、肉类	乳、蛋类	谷物	果蔬类	水或豆浆	酵母	麦芽	骨粉	食盐
准备配种期	12～2	250～300	23～30	55～60	5～10	10～15	8～10	10～15	1～2	4	1	0.4
配种期	3	220～250	23～28	60～65	5～10	10～12	8～10	10～15	2	4	1	0.4
妊娠期	4	260～350	27～35	55～60	5～10	10～12	10～12	5～10	2	4	1	0.4
泌乳期	5～6	300～1000	23～80	50～55	10～15	10～12	10～12	5～10	2	4	1	0.4
育成期	7～8	180～370	18～30	55～60	—	10～15	12～14	15～20	1	—	1	0.3
冬毛期	9～11	350～400	30～35	45～55	—	15～20	12～14	15～20	1	—	1	0.4

第三节　水貂日粮配制技术

一、水貂日粮配制原则

（一）**根据水貂的消化生理特点来配制日粮**　作为肉食性单胃动物，水貂消化道较短、消化植物性饲料的消化酶活性较弱，所以其饲料以动物性为主，动、植物饲料合理搭配，同时要保证经济、稳定、适口性好。植物性饲料一般要熟制、粉碎,以提高消化率。

(二)根据水貂不同生产时期营养需要量来配制日粮 水貂不同生物学时期,其生长速度和生产目的均有所不同,营养需要有很大差别。一般繁殖期要比非繁殖期营养标准高,因此要求日粮全价、适口性更强;育成期及冬毛期能量需要较高,要求日粮中脂肪和碳水化合物含量增加。

(三)根据饲料原料成分及营养价值来确定日粮 饲料成分及营养价值表,客观给出各种饲料原料的营养成分含量及营养价值,有条件的可通过实际测量获得,作为配制日粮的原则。要充分注意到不同饲料原料的理化特性,避免相互拮抗的饲料原料同时使用。

(四)根据当地饲养条件确定日粮 尽可能利用当地饲料原料,就地取材,这样既可以降低饲料成本,又可以保证饲料来源的方便、稳定。

(五)日粮组成应多样化 单一饲料原料所提供的营养物质有所偏重,多样化的原料品种可以通过互补来提高日粮的营养价值,可满足不同的营养需求。

二、水貂日粮配制技术

水貂的日粮配制,要能充分满足特定生物学时期的营养需要,保证新鲜、全价、搭配合理,并在此基础上尽可能降低成本。常用的配制方法有重量配比法和热量配比法2种。

(一)饲料配制的准备

1.确定营养指标 首先要确定某个相对科学、准确的水貂营养需要标准,作为日粮配制的依据。常用的有美国NRC提出的水貂营养需要量,部分权威机构提出的推荐营养需要量或者由生产实践或科研实践得出的数据、结论同样可以作为参考依据。

2.确定饲料种类 饲料种类要根据营养指标、饲料价格、地理条件、季节特征、饲料适口性等进行综合考虑。对于不常用的饲料资源,要先进行试验性饲喂,经检验后方可大量应用。

3. 查营养成分表　多数常规饲料的营养成分可以通过检索专业书籍、网上资料,少量非常规饲料可以到相关部门进行分析检测后确定其营养成分。

4. 确定饲料用量　根据生产实践、水貂生理阶段、饲料营养特点、价格、来源、适口性等指标来确定饲料的用量范围。保证营养全面、均衡、稳定,降低成本,防止出现不同饲料拮抗导致饲料营养价值降低甚至引发水貂中毒等。

（二）日粮配制方法

1. 重量配比法　即确定不同生产时期的日粮总量和各种饲料所占重量比例后,做出配方,分别计算出每只水貂每天所需的各种饲料量,再按每群水貂数量确定所需饲料总量,制定出饲料单。要重点核算日粮中蛋白质的供给量。其中添加量较少的添加饲料,如食盐、酵母、维生素、骨粉等,可忽略其重量比,单独列出添加量。

2. 热量配比法　即以热能为依据来计算日粮中各原料需要量。一般要先确定1份(即418千焦)能量中各种饲料所占的热能比例和相应的饲料重量,然后按日粮中热量总量(即份数)来计算各种饲料原料的添加量。同样,使用此方法时也要着重核算日粮蛋白质含量,没有热量或者热量值很小的添加饲料如矿物质、维生素、药物等可以忽略,按群水貂数目单独列出添加量。

2种日粮配制方法间可以换算,方法如表4-5所示。

表4-5　2种日粮配制方法的换算关系

饲料种类	重量法比热量法	热量法比重量法
谷物类饲料	1∶1.2	1∶0.8
动物性饲料	1∶2	1∶0.5
果蔬类饲料	1∶2.6	1∶0.4

第四节　水貂饲料贮存与选择

一、饲料贮存

饲料在贮存过程中,若发生腐败变质可导致营养价值下降甚至引起动物中毒,因此科学成功地贮存和调制饲料就成为水貂日粮配制的关键。

1.动物性饲料　极易腐败变质。主要的贮存方法是放于冷库中低温保存。高温也可以杀灭饲料中的有害微生物和降解酶,但高温处理后不能放置过久。干性动物性饲料如鱼粉、肉骨粉等要置于干燥、阴凉、通风处,水分在 13% 以下时可长时间保存。鲜料还可借鉴国外经验进行发酵后,实现常温酸贮。

2.植物性饲料　谷物等植物性饲料只有当水分在 12% 以下时,保存时间才会长久。保存时要注意库房通风、干燥、阴凉,地面搭设板架,不要使饲料袋接触地面,以免受潮发霉,同时要注意防止鼠害。

3.果蔬类饲料　季节性较强,最好随用随收,不能立即用完的,应置于阴凉通风处,随意堆放容易导致发酵,水貂食用后会引起亚硝酸盐中毒。北方地区可将果蔬贮存于地窖中,方便冬天使用。

二、饲料选择

饲料选择要遵循以下几个原则:

(一)无害　不仅指饲料原料本身对水貂消化吸收、生长发育、繁殖等生理活动不产生危害,同时还要保证不同饲料原料搭配使用时同样安全。主要应注意以下几点:所有饲料原料应新鲜,不能使用腐败变质原料;海鱼要在淡水中浸泡淡化后加工使用,盐含量过高的鱼粉不宜用来饲喂水貂,或者少量使用;少数海鱼和多数淡水鱼含有硫胺素酶,可破坏维生素 B_1(硫胺素),生喂常引起维生素 B_1 缺乏,应蒸煮后饲喂;含肾上腺、甲状腺的器官以及动物子宫、胎盘等不宜在繁殖期使用,否则会造成水貂生殖功能紊乱;肝脏、肝渣粉、血粉等原料具有轻泻作用,不宜饲喂过多;羽毛粉含有大量角质蛋白,且消化吸收困难,适口性较差,用量不宜过多;使用果蔬类饲料时要注意清洗,防止水貂残留农药中毒。

(二)全价 营养全价的饲料是充分发挥饲料营养价值、保证水貂健康生长、顺利实现生产目的的前提,要根据水貂不同生长阶段的需要量来配制。通常要注意以下几点:

1.氮能平衡 指饲料中蛋白质和能量应保持适宜比例,比例不当会影响营养物质利用率并引起营养障碍。由于蛋白质的热增耗较高,蛋白质供给量高时,能量利用率就会下降,相反如果蛋白质不能满足动物体最低需要,单纯提供能量供给,机体就会出现负氮平衡,能量利用率同样会下降。因此为保证能量利用率的提高和避免饲料蛋白质的浪费,必须使饲料的能量及蛋白质保持合理比例。

2.氨基酸平衡 饲料中各种氨基酸的数量和比例要符合水貂生理需要,而不是越高越好。氨基酸平衡日粮不仅可以有效降低日粮蛋白质水平,还可以降低粪便中氮的排放量,减少环境污染。

3.钙磷平衡 钙和磷是水貂机体,特别是骨骼生长所需的一对重要的常量矿物质元素,对水貂机体的代谢和骨骼发育起着重要的作用,钙磷比例失调会引起水貂软骨病等。

4.维生素 是水貂进行各项生命活动不可缺少的营养物质,日粮中维生素的缺乏会导致水貂生长发育受阻并出现多种缺乏症。日粮中维生素的补充一般通过添加果蔬类饲料和饲料添加剂等加以补充。注意要选用信誉好的专业厂家生产的饲料添加剂。

(三)经济 饲料成本可以占到水貂养殖成本的 $50\% \sim 70\%$,

因此在保证饲料满足水貂营养需求的前提下,应尽可能降低饲料成本,可通过以下几点来实现:尽可能使用本地饲料配制日粮,既可降低运费等成本,又可保持日粮营养成分的稳定性。有条件的饲养企业或者养殖户可种植部分果蔬或者养殖蛋鸡、奶牛、奶山羊等,实现部分饲料的供给。高价鱼、肉类饲料可以部分使用植物性蛋白质饲料代替。

第五章　水貂饲养与管理关键技术

第一节　水貂生产时期的划分

水貂是随季节更替，生物学特性、生理需要变化明显的动物。每年繁殖1次，春、秋各换毛1次。只有了解其生理需要，依据其特点划分不同生产时期，为每个时期制定适宜的饲养管理技术标准，才能最大地发挥其生产潜力。

为了便于饲养管理，结合国内外经验，一般把水貂整个生产周期分为8个部分：准备配种期（9月中旬至翌年2月）、配种期（2月至3月下旬）、妊娠期（3月末至5月末）、产仔哺乳期（4月中旬至6月中旬）、育成前期（产仔到9月）、恢复期（公貂恢复期3月中旬至9月中旬、母貂恢复期5月末至9月初）、冬毛生长期（9月至11月初）、取皮期（11月中旬至12月中旬）。

水貂的饲养管理工作是分阶段进行的，但各时期并不是独立的，而是密切相关、相互影响的，每一个时期都是以前一个时期为基础的，只有重视每一个时期的各项日常管理工作及关键时期的管理工作，水貂生产才能获得成功，其中的任何一个环节出现失误，都将给生产造成无法弥补的损失。

第二节　种公貂的饲养管理

种公貂的饲养管理可划分为四个大的时期进行，即：准备配种期、配种期、静止期、冬毛生长期（与准备配种前期重叠）。因为冬毛生长期为成龄公、母貂及当年育成幼貂共同的必经时期,又是关系毛皮生长的重要时期,所以单独进行阐述。

一、种公貂准备配种期的饲养管理

从 9 月至翌年的 2 月底,是种貂的准备配种期。每年秋分(9 月 21~23 日)以后,随着日照的逐渐缩短和气温下降,水貂的生殖器官和与繁殖有关的内分泌活动逐渐增强,生殖腺从静止状态转入生长发育状态。一开始生殖器官发育较慢,冬至(12 月 21~23 日)以后,日照时间逐渐增加,公貂内分泌活动增强,性器官发育速度加快,到翌年的 1 月底或 2 月初,公貂睾丸就可以产生成熟的精子。公貂的体重在准备配种期也有很大的变化,前期(10~11 月)体重不断增加,到 12 月份为最高,翌年 1 月份体重开始下降,配种期体重下降特别明显。

9~12 月份这段时间一定要保证水貂饲料优质、足量的供给,在保证脂肪和蛋白质供应同时,还要注意补饲蛋氨酸和半胱氨酸,这样有助于种貂性器官的生长发育,也利于冬毛的生长。本时期每日喂 2 次,早喂日粮总量的 40%,晚喂日粮总量的 60%。到 12 月份种貂毛管发亮达到最肥的状态。从 12 月至翌年 1 月初这段时间,种貂的食欲下降,此期间可以降低饲料给量,并降低饲料中脂肪的比例,在配种前将种貂体况调整到中等水平。实践证明:种貂的体况与繁殖力有密切关系,过肥或过瘦都会影响繁殖,特别是过肥,危害性更大。配种前体况中等或中下等的种公貂性欲最强。从外观估计种貂的体况,可分为如下 3 种情况:过肥体况,逗引貂直立时见腹部明显下垂,下腹部积聚大量脂肪,显得腿很短,行动迟缓;中等体况,身躯匀称,肌肉丰满,腹部不下坠,行动灵活;过瘦体况,四肢显得较长,腹部凹陷成沟,用手摸其背部明显感觉到脊椎骨。如缺乏用肉眼观察经验,可称量种貂体重指数来确定其体况。体重指数是指种貂的体重(克)除以体长(厘米)所得的数。体重以饲喂前 1 小时为准,体长为鼻尖嘴至尾根的直线长度。配种前公、母貂理想体重指数分别为 46～50 克/厘米和 24～26 克/厘米。另外,1 月中旬以后种貂饲料中应注意补充维生素 A、B 族维生素、维生素 E 和矿物质,这样能明显促进种貂的发情。

　　水貂的准备配种期大部分时间在寒冬季节,水貂有很好的抗寒能力,但是为了保证种貂安全越冬和良好的繁殖性能,必须做好防寒保暖工作。具体是检修小室防止漏风,室内垫足量草。注意搞好卫生,保持洁净干燥,特别是要及时清理小室内食物和粪便。可以通过增加饮水次数、添加温水及投给洁净的雪和冰屑,保证水貂在寒冬里得到足够的饮水。12 月至翌年 1 月份要注意貂舍安静,尽量减少人为的干扰,从 1 月中旬开始要适当增加种貂的运动量(增加人为驯化),经常引逗种貂在笼内运动,能提高种公貂精子活力和配种能力。从 1 月份开始到配种前,应做好种貂的发情检查,并详细记录,通过检查掌握公貂睾丸发育情况,为配种做好准备;通过种貂的外生殖器变化了解饲料和管理是否合适。特别注意本期种公貂应在背风向阳的一侧饲养,否则会影响睾丸的发育。配种工作的一些准备工作也应在本期做好,如:制作号卡标注貂号和笼号,制定合理的配种方案,准备好配种期将要用到的一切辅助工具。在整个准备配种期(9 月底至翌年 1 月底)笼舍要保持自然的光照,不要人为增加光照时间(如夜间在笼舍内用电灯照明等),以使种貂正常按期发情。

二、种公貂配种期的饲养管理

　　(一)种公貂配种期的饲养　应充分在饲料上做文章,让其吃好有充沛的精力与体力,完成繁衍后代的责任,又不使其过于肥胖影响性欲和交配能力。本时期饲料以动物性饲料和高蛋白饲料为主,还可以补加牛奶或豆浆,另外在其饲料中可适当添加能促进精细胞发育的饲料或特殊添加剂,如鸡蛋、大葱、大蒜、麦芽、酵母、鱼肝油、维生素 E、维生素 C 等。

（二）种公貂配种期的管理　为提高貂群品质,在配种期充分发挥公貂的作用,使母貂全部配上种,需要制定合理的配种计划、掌握合理的配种进度以及实用的配种技术。

1.制定科学的配种计划　公母比例一般为 1∶3 或 1∶4,既能保证配种任务完成,又减少了饲养公貂的费用;避免近亲交配,检查全群种貂的系谱和历年发情配种记录,合理搭配公、母貂的配对方案。为防止母貂因择偶而造成漏配,应准备 2 只以上与母貂无血缘关系的公貂与之选配;公貂的毛绒品质一定要优于母貂,公母毛色应尽量一致;在体型选配方面,应以大公配大母,大公配中母,中公配小母为原则;不能采用同一性状有相反缺陷的公、母貂配对,因为这种做法不能纠正公、母貂的性状缺陷。

2.对公貂的发情检查　1 月末开始检查公貂睾丸发育是否正常。可抓住尾部倒提起公貂,用另一手(不要戴手套)触摸其腹后部(肛门与尿道口之间靠近肛门一侧),可摸到两侧对称的睾丸。检查时要小心防护,以免被咬伤。发育正常的睾丸体积和重量明显增大到平时的 4～6 倍,呈卵圆形,手感松软而富有弹性。阴囊下垂,明显易见,阴囊被毛稀疏。摸不到睾丸的公貂为隐睾,无配种能力;睾丸很小、坚硬、无弹性,都会使公貂丧失性欲,不能参加配种。

3.种公貂的合理使用　种公貂在整个配种期可配 3～4 只母貂,交配 5～15 次,多者高达 20 多次。在配种前期,发情的母貂数量较少,可选发情早的公貂与之交配,每天每只公貂可进行 3～5 次试情性放对和 1～2 次配种放对,为保持公貂的配种能力,每天成功配种 1 次即可。试情放对时要注意避免未发情的母貂扑咬公貂,一旦发生咬斗,要立即把母貂抓出。母貂不抬尾,不要让公貂长时间做交配动作,以免发生滑精或误配。在配种中期,母貂发情的较多,公貂还有复配的任务,配种工作很紧张,公貂 1 天可交配

2次,但每次交配间隔要在4小时以上,间隔期要给配种的公貂少量补饲高蛋白饲料(如鲜奶),公貂连续配种4～5天,要休息1～2天。小公貂的使用原则是选择发情好、性情温驯的母貂与其交配,锻炼其配种能力;小公貂性欲良好时应适当让其多配几次,但也不能使用过频;在调教小公貂配种时,要避免其被烈性母貂咬伤。性欲一般的公貂可在复配时适当使用,配种能力强的公貂则与难配和初配的母貂交配。多公复配法只适用取皮貂的繁殖,准备留种的一定要用相同公貂完成复配,否则后代血缘不清无法留种。水貂交配时间较长,发生"连锁"时应等其自然分开,不可惊动。

4. 假配识别 "假配"是指公貂交配动作很明显,也有射精动作,但阴茎没有进入母貂阴道或误入肛门。原因是公貂的性欲过强,急于达成交配,而交配过程中母貂配合不好。识别水貂是否真配应注意以下几点:水貂交配时间较长,交配完毕后母貂外阴部可见充血,充满黏液,交配时间超过2分钟,可确认为交配成功;假配、误配时公貂交配行为不激烈,公貂东张西望,稍有惊动或母貂挣扎即分开,配后母貂外阴没有任何变化。还可在刚配完的母貂外阴部表面蘸取一些精液,用400倍左右显微镜观察,如有活动精子,则说明公貂已经射精,交配确实。

5. 种公貂的精液检查 先用棉花擦净刚配完母貂外阴部的尿液,然后用玻璃吸管插入母貂阴道深处,吸取精液待检。具体方法是:将精液滴在玻璃片上,在37℃～38℃放大160倍的显微镜恒温箱中估测前进运动的精子所占的百分率。

三、种公貂静止期的饲养管理

进入静止期的种公貂,一方面因为配种期体能消耗大,需要补充能量加强饲养;另一方面因为其年度主要任务已完成,剩下时间只要低水平维持即可,待到下一轮繁殖准备时再进行特殊喂养,在配种期发现的配种能力差的公貂准备淘汰,按取皮貂水平喂养即可。

第三节　繁殖母貂的饲养管理

母貂生产周期可划分为准备配种期、配种期、妊娠期、产仔泌乳期、静止期、冬毛生长期。

一、准备配种期母貂的饲养管理

充分摄取营养，使身体处于最佳水平，才有利于母貂下一步发情、交配和排卵，所以本期的饲养管理对水貂生产很重要。

随着天气变冷、光照变短，母貂的外生殖器官和体内激素水平都有很大变化，卵巢开始产生成熟的卵泡，体重也不断增加，以每年1月份为转折点，体重开始下降。管理要点除参考公貂外，还要特别注重母貂体况的调整，使其肥瘦合适；另外，可在不过分惊扰母貂的前提下，认真观察母貂外生殖器官的变化是否明显，再做出相应的调整。本期饲料配合以高蛋白、低脂肪为主，另补加牛奶或豆浆、鲜骨泥、麦芽、酵母、鱼肝油、维生素 E 等。

二、配种期母貂的饲养管理

发情期母貂性情变得温驯，不讨厌异性，频频排尿，遇到公貂爬跨时，会抬尾站立迎合公貂交配。性器官发育过程也随季节的变化而变化。9月下旬（秋分前后）卵巢结束静止状态，开始生长发育，1月末或2月初卵巢能产生成熟的卵泡和卵子，外阴部阴毛分开，阴门肿胀外翻。水貂属于季节性多次发情动物，发情一般都在3月上旬。经产母貂发情较早，初产母貂发情相对晚一些。结合母貂配种期的生理特点应提高饲料质量，并补充维生素 E、大葱、麦芽、鱼肝油等，使母貂保持良好的体况和发情状态。

（一）母貂发情检查　在放对配种之前，对母貂进行发情检查是必需的工作。具体可结合母貂的活动状况(外部表现)、外生殖器官变化情况和放对试情三方面情况鉴定。

1. 配种前期　饲养员每天要留心观察种貂的活动情况。在发情期间,种貂多表现走动不安,时常发出"咕咕咕"的求偶叫声。如果公、母貂邻笼,则互相引逗,频尿,常常使笼网挂上一个由尿冻成的大冰溜,这是发情的前兆。当母貂真正发情时,多数采食量都降低,有时还可看到邻笼公、母貂相互扒、咬笼网,急于交配的情景。发情好的母貂,晚间甚至不在产箱内睡觉,紧靠公貂笼网,当公貂发出求偶叫声时,母貂会趴在笼底不动,将尾翘向一边。发现这种情况,把母貂放入公貂笼内,很快即可达成交配。

2. 母貂的外阴部检查　从1月末开始对全群母貂做一次普遍性的检查,对其外阴部的形状做好记录。经产母貂外阴部发情变化明显,初产母貂不明显。保定母貂,看阴门的盖毛是否分开,阴门是否外露,这是判断母貂开始发情与否的重要标志。静止期母貂的阴部是被阴毛盖着的,从阴毛分开阴门显露到母貂接受交配,一般需要8~10天,最短3~4天,最长的达25天。

母貂的阴毛分开之后,其外阴部发情变化可分为三个阶段:第一阶段(发情前期),外阴部明显外露,阴门稍发红,呈圆形,过2~3天,阴门红肿,具有弹性,呈粉红色,这时可以放对试情,以免漏配。但此期母貂不一定接受交配。第二阶段(发情期),此期持续2~4天,是母貂的性欲高潮期,母貂阴门高度肿胀外翻,呈圆形或椭圆形,阴门两侧上部有轻微的皱起,阴门色泽变深,呈暗红色或紫色,并有黏液从阴门里流出,放对可以达成交配。第三阶段(发情后期),母貂发情期已过,外生殖器官逐渐萎缩。

3. 放对试情　就是把母貂抓进性欲旺盛的公貂笼中,进行异性接触,观察双方的行为表现,从而确定母貂是否真发情。如果公貂马上追逐母貂,发出"咕咕咕"的求偶声,公貂爬跨时母貂站立不动,尾翘向一边,说明母貂已发情,可以接受交配。如果公貂追逐时,母貂不停地走动,公貂爬跨时,母貂犬坐在笼网上,说明母貂未到发情旺期,可隔日再放对试情。如果放对后母貂扑咬公貂,或公貂准备爬跨时母貂拒配,说明母貂无性欲,可隔3～5天再放对试情。母貂发情表现很明显,放对时却拒配,换公貂后很快达成交配,这种现象叫做"择偶性",有择偶性的母貂并不多,但要注意,以防漏配。

放对试情一般只需3～5分钟即可看出结果。如果公貂不是马上追逐母貂,而是东闻闻,西闻闻,或是频频往母貂身上淋尿,不急于交配,往往是因为母貂尚未发情的缘故,或公貂对它不感"性趣",要及时更换。放对试情时要避免打扰,以免影响效果。

（二）配种技术 在发情检查和试情过程中,如果确认母貂发情了,一定要尽快达成初配,否则发情期一过,当年就配不上种。初配一般比复配困难,从放对到达成交配的时间较长,交配的时间却比复配短。当公貂追逐、求偶、性激动起来以后,发情好的母貂一般会站立不动,等待公貂的爬跨。当公貂的前肢爬跨到母貂腰间时,母貂的尾即甩向一边,使阴部外露,接受交配,这时公貂后躯频频抽动,阴茎进入母貂阴道(在公貂阴茎置入时,母貂也做与其相应的配合,使阴茎能够顺利地插入),进入后公貂后躯紧贴于母貂臀部抽动更加有力,然后臀部内陷,两前肢紧抱母貂的腰部,两眼迷离,尾根轻轻扇动,静止0.5～1分钟,即为射精。有些初次参加配种的小母貂在公貂爬跨时,也站立不动,但尾却挡在阴部,此时应把母貂抓出,用细绳将尾尖扎紧,细绳另一头吊起,使貂尾歪着吊在身体的一侧,再放对即可达成交配。对特难配的母貂,可以选一只性欲强、会配种、不怕人的公貂,将母貂放入其笼内,让其爬跨一两次之后马上取出,以挑起该公貂的性欲,然后将母貂的尾吊起,左手抓住貂的嘴巴(戴手套),右臂托住母貂腹部,手掌张开托住盆腔,食指和中指分开靠近母貂的阴部,将母貂放入公貂笼内,此时公貂会很快爬跨交配。在公貂爬跨的同时,人手要不断调整方向,使母貂的阴部对准公貂阴茎,当公貂阴茎插入母貂阴道时,要固定母貂不动,并使阴部放低些,这时公貂会顺利地射精,当公貂射完精后,可以放手让其自行弥留。第二天复配时,往往能自然达成交配。

每天可放对 2 次(上、下午各 1 次),清晨或黄昏喂食前放对配种效果较好。放对前应使种貂先活动起来,天气越暖貂性欲越差,天气寒冷或阴天、下雪,种貂则异常活跃,性欲强,要抓紧时间争取多放对、多配种。在母貂达成初配后,应连续 2～3 天每天再复配1 次,这样可以降低空怀率和增加胎平均产仔数。在每天放对配种时,应先进行复配,当天的复配任务完成后,再集中精力搞好新发情母貂的初配工作。在复配工作中如发现母貂外阴部有明显萎缩迹象时(第二天可能过时),也可在 1 天复配 2 次,然后结束配种。此期间管理除注意发情检查、试情、配种外,还应注意防止因工作大意导致跑貂、疾病通过貂的密切接触传播及随时将配完进入妊娠期的母貂分群管理等重要问题。

三、妊娠期母貂的饲养管理

(一)母貂妊娠期的生理变化和常规饲养管理　交配结束后,母貂即进入妊娠期,一般 40～50 天。妊娠期的营养需求是全年最高的,因此要做到营养全价、易于消化、适口性强,特别要注意饲料要新鲜。调制饲料时要尽量使原料种类多样化,饲料含有足够量的蛋白质、各种微量元素和矿物质,但脂肪和谷物的含量不要太高,防止过肥造成难产。饲喂量要随着妊娠期的进程逐渐增加。在妊娠前期,由于母貂子宫内的受精卵只限于细胞分裂阶段,并且是游离状态,不需要大量增加营养物质,可保持配种期的饲养标准,不要马上增加饲料量,否则会造成母貂妊娠前期过肥,不利于胚泡着床,降低胎产仔数。在母貂妊娠后期饲料中的动物性饲料相应增加的同时,还应注意将动物的肾上腺、脑垂体等含性激素的器官摘除,以免母貂食后发生死胎或流产。

母貂妊娠 15 天以后,胚胎发育逐渐加快,这时母貂食欲旺盛,可逐渐增加饲料量。妊娠期母貂饲料应添加维生素 A、维生素 B、维生素 D、麦芽(作维生素 E 来源),为保证胎儿骨骼的发育,饲料中要添加鲜骨泥。妊娠期母貂体况保持中上等为好。可根据母貂肥瘦,灵活掌握饲料量,既保证母貂和胎儿发育的营养需要,又不使母貂过肥。以免发生胚胎吸收、流产以及产后泌乳量不足。

妊娠期母貂性情变得温驯,不愿活动,时常在笼内晒太阳,饲养人员要多同母貂接触。如经常打扫笼舍产箱、经常换水等,通过这样的驯化,母貂便不怕人了,从而也便于产仔期的饲养管理。还可适当增加妊娠期母貂的运动,以防止产仔时发生难产。

妊娠后期胚胎发育最快,母貂腹部逐渐膨大下垂,腰部背脊凹陷,后腹部毛绒竖立,毛被纵向分开,接着腹部乳腺周围的毛即向四周分开,而且行动迟缓,不愿出小室活动,临产前常蜷缩于产箱内,并有做窝的现象。此时可用 1‰～2‰氢氧化钠水刷洗产箱彻底消毒,等产箱晾干后,铺柔软清洁的垫草(如稻草、软杂草等),产箱的底部和四周一定要严实不透风。

为了避免母貂妊娠后期胃肠过于充满压迫子宫,影响胎儿营养正常吸收,母貂日喂 3 次,少食多餐,妊娠后期母貂会时常感觉口渴,必须保证充足、清洁的饮水。

(二)胚胎吸收和流产　胚胎吸收主要是由于母貂饲料营养不够造成的。维生素 A 缺乏时会引起子宫上皮角质化,破坏胚胎的营养吸收,这就造成胚胎在妊娠初期维生素 E 不足,会使胚胎大量吸收。流产的原因包括营养不足,饲料中含有引起流产的激素、药物以及母貂受惊激烈运动导致,调整饲料和保持安静可以避免。

在此期间管理重点是给母貂提供安静舒适的环境,以使胎儿正常发育。貂场应保持肃静、谢绝参观。注意观察貂群饮食、粪便、活动情况,发现有流产表现的,肌内注射黄体酮 15～20 毫克、维生素 E 15 毫克,以利保胎。

四、产仔泌乳期母貂的饲养管理

(一)常规饲养管理　产仔期要安排昼夜值班,重点观察预产期临近或将到的母貂,遇有难产的母貂和需要代养的仔貂,可及时采取措施。如果发现母貂难产,首先可用注射催产素的办法帮助母貂产仔,如果不成功可用镊子准确地夹住卡在产道中的仔貂,将其慢慢拽出。当仔貂全部产出后,要给母貂注射盐酸氯丙嗪,然后放回产箱休息。还可以用剖宫产的方法解决难产。临产前母貂多数食欲下降或拒食 1~2 顿,并伴有痛苦呻吟声。产仔多在夜间或清晨进行,产程 3~5 小时。母貂产仔后,头一天很少走出产箱,除在没有人时走出产箱吃食外,其余时间均在产箱中安静地哺育仔貂。还要注意饲料中食盐含量不能超标,保证饮水供应,以免口渴母貂吞食幼崽。母貂产后一般需要哺乳 55~60 天,要消耗母貂体内大量营养物质,需要供给优质饲料补充母貂体内消耗。泌乳期饲养管理的好坏,直接关系到母貂健康和仔貂成活。本期饲料与妊娠期基本相同,但为促进泌乳可补充适量的乳类(牛奶、羊奶、奶粉等)。饲料加工要精细,浓度要稀,以满足其食量无剩食为宜。

仔貂出生后 1~2 小时,胎毛即被母貂舔干,寻找乳头吃奶,吃饱初乳的仔貂便进入沉睡,直至再次吃奶才醒来嘶叫。初生仔貂 3~4 小时吃 1 次奶。有些母貂将仔貂产在笼网上,然后叼入产箱,发现这种情况要及时把产出的仔貂拿到温暖的地方,迅速将胎衣除去,用消过毒的剪刀断剪脐带,用棉纱擦干仔貂全身,等仔貂全部产出后,再把仔貂还给母貂,看其能否在产箱内很好哺乳,如母貂不哺乳,或乳腺发育不好,要把所产仔貂全部代养。

产后 5~10 天仔貂死亡率最高,所以产后除必要人员外,其他任何人不得接近貂舍。对于经产的母貂,由于其有抚育仔貂的经验,产仔后不必急于开箱检查仔貂情况,通过隔箱细听可判断仔貂是否正常。产后仔貂很平静,只是在醒来未吃到奶时才叫,叫声短促有力,吃到母乳便不叫,仔细听可听到仔貂有力的吮乳咂咂声,说明一切正常;产箱中完全寂静的时候,轻微的一阵响声就可使母貂不安,离开原处,进而引起仔貂的叫声,这说明仔貂还活着;如果总是听到仔貂嘶哑的叫声,母貂在产箱内不安宁,时而走出产箱,说明仔貂吃不饱,或母貂泌乳有问题,这时必须开箱检查仔貂情况。对于初产或认为有问题的母貂,产仔结束后要马上检查仔貂。一般在产后的头一两天内,母貂护仔性还不是很强,给母貂喂食时,开箱查看仔貂情况,母貂不十分在意,几天后再开箱母貂就容易叼仔乱跑。有的仔貂生下来是活的,但发育很弱,如不及时采取措施抢救,在检查前就已死去。解剖死胎检查肺部,可判断其死亡时间,取出肺放入水中,肺叶浮起,说明死前曾呼吸过,是产后死亡;如果肺沉入水底,说明胎儿无呼吸,产出即死亡。母貂清晨或白天产仔,产后 3~4 小时内要完成貂仔检查;夜间分娩的,则在清晨喂食时检查。只有在下大雪、极严寒的情况下,或母貂母性强赶不出产箱时,才会延期检查。适时检查可保证早发现吃不上奶和软弱的仔貂,及时采取抢救措施,提高仔貂成活率。

首次检查宜在喂食时进行,这时母貂大部分会自动走出产箱采食。其他时间进行检查,最好把母貂从产箱中引出,并给以少许适口性好的饲料,以分散其注意力。无法引出母貂时,可把食盒放在产箱口处,人在远处安静观察、等待,当母貂听不到动静时,便会走出产箱吃食,这时要赶紧关上产箱门,迅速开箱检查仔貂。首先看一下产箱的垫草是否充足,如果垫草少则做不成窝,有时仔貂会睡在无草的木板上,很容易冻死。健康的仔貂大小均一,毛色较深(黑灰色),抱团睡在窝内,拿在手中挣扎有力,腹部饱满,叫声洪亮;体弱的仔貂大小不一,毛色较浅(灰色),绒毛潮湿、蓬乱,拿在手中挣扎无力,叫声嘶哑,腹部干瘪。发现弱仔要及时处理,否则很容易死亡。有些仔貂在产出后没有得到母貂的及时护理,或被抛到产箱的一角,很容易冻僵,像死亡一样,这时可将其拿到室内保温,擦干胎毛,喂给少量维生素 C 溶液,很快即可恢复正常。有的母貂产仔较多,产后没有及时咬断仔貂脐带,而使脐带绕到仔貂脖子上,仔貂会被脐带勒死。发现这种情况应马上剪断脐带,将仔貂救出。已经死亡的仔貂要拿出产箱。检查仔貂的时间不能过长,并尽量保持巢内原状,捉拿仔貂的手要干净,不能有异味。如母貂母性过强无法检查初生仔貂,貂场垫草、产箱密封等产前准备和饲料营养充分的,也可以在产后 1 周后再进行检查,以免惊扰母貂,发生应激对仔貂反而不利。

（二）母貂乳腺的护理　发现仔貂吃不饱,要及时检查母貂乳腺发育情况。泌乳正常时,乳头有弹性,乳腺非常饱满,轻轻按压就有乳汁从乳头里排出;乳头很小,又挤不出乳汁,说明泌乳异常。初产母貂不会拔毛,仔貂找不到乳头无法哺乳时,可人工拔毛露出乳头,帮助仔貂顺利哺乳。

产仔数少,而母貂乳腺又过发达,乳汁丰富,仔貂不能吸住过分充满的乳腺,乳腺胀痛,母貂急躁不安,不趴在产箱内,而开始搬弄仔貂,或在笼内乱跑;母貂乳腺触摸起来感觉很硬,时常发烫,说明乳汁过多,可以人工挤出。先在乳头附近,以后在整个乳腺上进行按摩。在挤乳的时候,要把乳腺涂上少许没有气味的凡士林或其他油脂,当给母貂挤完乳后,要使母貂侧面卧下,并将仔貂放在它的乳头附近,以帮助它们吮乳。当仔貂可以正常吮乳后,母貂也会安静下来,这时可以把它们放回产箱。最好再增加几只仔貂让其代养,这样就不会因泌乳过多而使母貂不安。如果没有代养的仔貂,要缩减日粮若干天,并从日粮中排除促进产乳的饲料,如蔬菜和乳类饲料。

当母貂产仔数多,泌乳量又较少,饥饿的仔貂就会尖锐嘶叫,总叼着干瘪的乳头吵闹母貂,也会引起母貂急躁不安,搬弄或叼仔。在这种情况下,可以选健壮、大的仔貂让其他母貂代养,或全部代养。通过按摩乳腺，促进泌乳。缺乳的母貂多食欲不振，应给予多样性饲料，特别要增加奶类和蔬菜，提高适口性，增加泌乳量。当然还要注意到仔貂刚好吮过乳，检查时只有少量的乳排出，乳腺也很萎缩，乳头附近的毛很湿，粘在一起，仔貂也很安静地卧着，腹部很饱满，说明一切正常。

有些初产母貂乳头发育非常小，而且新生仔貂不能噙住，从而吸不到乳，遇到这类情况，可把日龄较大的仔貂置于该母貂的乳下，让这些仔貂把部分乳头噙在口里并用力吮吸之后，就把乳头给拉长了，然后就可以使新生仔貂噙住哺乳。

（三）仔貂保活技术　检查仔貂时如果发现行动很慢，毛没有光泽，颜色是灰的或潮湿，身体渐渐地变凉，没有生气，就要及时予以救治。将弱仔送到暖房里，用纱布把潮湿的仔貂擦干，按摩或在温暖的炉子附近加温能使冻僵的仔貂恢复体温。对所有弱仔貂，要立刻用滴管或汤匙喂1.5～2毫升维生素C溶液。维生素C溶液要现用现配，以免分解变质。能吮吸的仔貂最好用奶嘴喂给，用一次性注射器和自行车气门芯制成，仔貂虚弱无力吮乳时，要小心地用滴管慢慢地滴入仔貂口中，让其自行咽下，避免硬灌呛死仔貂。喂完维生素C后，可以再喂乳。喂乳最好是将母貂仰卧固定，然后把仔貂放在母貂乳头上让其自行吮吸，不能吸乳时，也可用滴管滴喂挤出的母貂鲜奶，或用羊奶代替，每隔3～4小时哺乳1次，仔貂吃饱时，就不再吮吸了。仔貂吃奶后要放在屋内温暖的地方，喂养2～3天后，多数能恢复正常，当仔貂强壮起来，并开始吮吸母貂后，要把它们与母貂一起送回原处。仔貂单独放置时，需要在喂乳前人工按摩仔貂腹部，从胸口到肛门轻轻按摩，这样仔貂才能顺利排出粪便。

（四）仔貂的代养　母貂产仔过多时，多出的仔貂可分给产仔较少的母貂代养。要求"乳母"产仔数不超过5头，泌乳能力优良，母性强，产仔期与代养仔貂相近。在产仔过多的窝内选出健康的仔貂,剪下头部少许胎毛,以便于以后识别,放在"乳母"产箱口处,水貂的母性很强,当听到外边的仔貂叫声,会马上出来将其叼回窝。也可趁代养母貂不在窝内时迅速将仔貂放入其窝内。放入后要先观察一会,看看母貂进窝后有无不良反应,如果母貂进入窝内仔貂很快就安静下来,则代养成功。在代养过程中应注意手上不要有异味(如医疗药剂、煤油、苯、肥皂、香脂等)。

(五)补饲技术 随着仔貂日龄的不断增长,母貂的食欲越来越强,食量也增加。应该相应增加饲料数量提高饲料品质,特别是增加动物源蛋白质和多种维生素的饲喂量,使母貂有足够的营养,保证泌乳正常、维持体况。食欲较差的母貂多数很瘦,泌乳能力也差,仔貂成活率低,要适当调整饲料,促进其食欲提高,最好将其仔貂部分或全部分出代养。仔貂 20 日龄后,开始同母貂一起采食,要增加母貂的饲料量。补饲量的多少,根据母貂产仔数和仔貂日龄逐渐增加,具体数量可根据母貂和仔貂的采食情况灵活掌握。哺乳期间应密切注意仔貂生长发育情况及母貂体况肥瘦,以此来判断母貂泌乳情况。母乳严重不足时仔貂因饥饿总是叫个不停,要及时将仔貂分出代养或单独给仔貂补饲易消化的粥状饲料。

(六)关于母貂叼仔问题 由于人工驯养的历史较短,水貂野性还很强,特别是在产仔期,当受到外界不良刺激时,容易出现叼仔现象,轻者把仔貂咬伤,严重的会把全部幼崽吃掉。

保持貂场环境安静是最重要的措施。母貂配种后要安置在较安静的地方,不可经常移动。环境改变会使母貂产生不安全感,尤其是在产仔期。产前要把检修笼舍产箱、铺好垫草等准备工作都提前做好,不要等到产仔后出现问题时再处理。遮雨棚要安牢,以免漏雨或刮大风时产生响动。产仔期要有固定的饲养人员负责喂养产仔的母貂,喂食时动作要轻,避免发出突然的声响。

叼仔现象多发生在母貂产后 3～10 天,要认真分析原因。如果是由环境嘈杂引起的,环境安静下来后,母貂也就不叼仔了;如果环境安静下来还不能使母貂停止叼仔,可将母貂关进产箱(产箱活动范围小,比较黑暗,母貂容易平静下来),一般只要20～30分钟,母貂就会平静下来。如果母貂还不安静可将母仔分离一段时间(一般1～2小时),这段时间母貂叼不到仔貂,慢慢也会平静下来。对这些措施不见效的母貂,可以饲喂或肌内注射氯丙嗪,一般连续给药2～3天即可见效。母貂安静下来,再将抢下保温的仔貂送回产箱让母貂哺乳,这样可以挽救被叼仔貂的生命。

五、静止期母貂的饲养管理

静止期也叫恢复期,进入静止期的母貂,一方面因为产仔泌乳期体能消耗大,需要补充能量加强饲养;另一方面因为其年度主要任务已完成,饲料营养水平可相对降低,等到下一轮繁殖准备时再进行特殊喂养,在产仔泌乳期发现难产、乳汁过少、母性不强的母貂下年度不做种用,按取皮貂标准饲喂即可。管理按日常方法进行即可。

第四节　水貂育成期的饲养管理

水貂一般在40～50日龄分窝,人工补饲或母貂护理能力丧失的应提前分窝。从分窝到性成熟是水貂的育成期,育成期的水貂特点是食欲旺盛、生长发育快,是决定以后体型大小的关键时期,在此期间一定要保证育成貂生长的营养需要,饲料中应注意钙、磷、维生素D和蛋白质的供给,本期为防止黄脂肪病和肠炎,可在饲料中添加适量的维生素E和土霉素等抗生素。饲料调制和数量可以分成2期考虑,前60天营养水平适中,保证饲料足量自由采食,之后一直到取皮,营养水平逐渐上调特别要注意供给足够的蛋白质和脂肪,饲喂量以吃饱为好。育成期仔貂的饲料配方如下:肉、鱼等动物性饲料占68%,谷物性饲料占25%,蔬菜占7%,适当添加骨粉补充钙质。分窝时将母貂提出,幼貂在原窝饲养,一段时间(1～2周)后,幼貂再分成3～4只一组同笼饲养,这样可以使幼貂由于争食而保持旺盛的食欲,喂食要及时,每次喂食量以喂后半小时内不剩食为准,喂完要及时把饲槽捡出笼外,以免弄脏。分窝2～3周进行犬瘟热、病毒性肠炎疫苗接种。9～10月份以后,幼貂体型已接近成貂,可进行选种工作,选出的种用貂和皮用貂应分群饲养。

保证貂舍卫生条件。育成期正值夏季,要保持貂舍的卫生,注意防暑,最好不让幼貂进入产箱,笼内比较干燥,粪便能及时漏下,可保持育成貂皮肤卫生、被毛干净,这是育成期的关键问题。

加强饮水。不论是夏季还是冬季,都要保证水盒里有洁净、充足的饮水,冬季可用干净的冰雪碎屑补充。

搞好防暑、防寒工作。水貂不耐热,在夏季应搞好防暑工作,以免因中暑而发病甚至死亡,具体是保障饮水,搭建遮阳棚,避免阳光直射。水貂虽然耐寒,但是特别寒冷的地区气温甚至会降到－40℃,所以也必须做好防寒保温工作。

另外,要注意避免人工延长光照,否则会影响正常的换毛,降低毛绒品质,严重的会影响性器官的发育,造成发情迟缓或繁殖失败。

做好观察和记录,为选种做准备;还要认真检修笼舍,防止划伤皮毛或发生跑貂。

第五节 水貂冬毛生长期的饲养管理

一、冬毛生长期水貂的生理特点

进入9月份,幼貂由主要生长骨骼和内脏转为主要生长肌肉、沉积脂肪,同时随着秋分以后的日照周期的变化,将陆续脱掉夏毛,长出冬毛。此时水貂新陈代谢水平仍很高,蛋白质水平仍呈正平衡状态,继续沉积。因为毛绒是蛋白质的角化产物,故对蛋白质、脂肪和某些维生素、微量元素的需要很迫切。此期水貂最需要的是构成毛绒和形成色素的必需氨基酸,如含硫的胱氨酸、蛋氨酸、半胱氨酸和不含硫的苏氨酸、酪氨酸、色氨酸,还需要必需的不饱和脂肪酸,如亚麻油二烯酸、亚麻酸、二十四碳四烯酸和磷脂、胆固醇,以及铜、硫等元素,这些都必须通过饲料足量获得。

二、取皮貂的饲养管理

适宜的营养水平是生产优质貂皮的保障。动物性饲料应由鱼、肉、内脏、血、鱼粉等组成,保证提供平衡的氨基酸营养;本期要注意维生素 A、维生素 E 的补充;饲料中还可添加少许油脂,以提高水貂毛皮的光泽度。

在目前的水貂饲养中,比较普遍的存在着忽视冬毛生长期的弊病,不少养殖户单纯为降低成本,在此期间采用低劣、品种单一、品质不好的动物性饲料,甚至大量降低动物性饲料的含量。结果因营养不良导致大量出现带有夏毛、毛峰钩曲、底绒空疏、毛绒缠结、零乱枯干、后裆缺针、食毛症、自咬症等明显缺陷的皮张,严重降低了毛皮品质。水貂生长冬毛是短日照反应,因此在一般饲养中,不可随意增加任何形式的人工光照,并把皮貂养在较暗的棚舍里,避免阳光直射,以保护毛绒中的色素。

从秋分开始换毛以后,应在小室中添加少量垫草,以起到自然梳毛的作用。同时要搞好笼舍卫生,及时维修笼舍,防止沾染毛绒或锐利刺物损伤毛绒。添喂饲料时勿将饲料沾在皮貂身上。10月份应检查换毛情况,遇有绒毛缠结的应及时活体梳毛。因为取皮貂不涉及留种,应用人工控光养殖,促进毛皮提前成熟,可以节省大量饲料。实践证明:使用褪黑激素可以促进毛皮提前大约1个月成熟,正确使用可以收到节约饲料和人力成本的双重效果。

第六章 水貂繁殖与育种技术

第一节 水貂生殖系统特点

水貂是季节性繁殖动物,其生殖系统和生殖功能随着季节发生规律性变化。这些变化的外在体现主要是生殖器官的变化。

一、公貂睾丸的季节性变化

春分之后,即 3 月底至 8 月底,随着光照时间延长,公貂睾丸逐渐萎缩,进入退化期;秋分之后,即 9 月至翌年 3 月中旬,随着光照时间的缩短,睾丸又开始发育,初期发育缓慢,冬至之后发育迅速。

水貂睾丸重量随季节发生变化,夏季睾丸重量仅为 0.2~0.5 克,从 11 月下旬起,睾丸重量逐渐增大,12 月上旬,睾丸平均重量为 1.14 克,2 月中旬达到 2.0~2.5 克,此时开始形成精子,并分泌雄性激素,出现性冲动。3 月上中旬是公貂的性欲旺期,到 3 月下旬配种能力显著下降,之后逐步进入退化期,睾丸体积缩小,重量减轻。

二、母貂生殖器官的季节性变化

每年秋分之后,母貂卵巢开始发育,卵巢体积和重量与卵泡发育直接相关,休情期卵泡直径约为 0.65 毫米,到配种期卵巢中的卵泡发育到最大,当卵泡的直径达到 1.0 毫米时,母貂就表现出发情和求偶的征兆。配种期卵泡生长迅速,卵巢体积明显增大,平均重量为 0.65 克,并生成成熟卵子。4 月下旬至 5 月上旬,成年母貂的卵巢重量逐渐减少。

母貂的输卵管和子宫重量季节性变化也很明显。7～12 月份母貂的输卵管重量最小,翌年 2 月下旬重量达到最大,妊娠之后逐渐减轻;7 月至 11 月下旬,子宫重量最小,11 月末起子宫逐渐增大,临近产仔前子宫重量最大。

母貂是否进入发情期,可通过观察其阴门的外观变化进行鉴别。母貂阴门在 1 月份出现轻微的肿胀,2 月下旬变化更明显,3 月上中旬阴门严重肿胀或裂开,此时大多数母貂出现发情现象,3 月下旬,阴门逐渐缩小,发情结束。

第二节　水貂的繁殖特点

一、水貂发情特点

水貂是季节性多次发情动物,母貂在配种季节有 2～4 个发情周期,每个发情周期为 7～10 天,其中发情持续期平均为 3 天,此期易于接受交配,间情期为 4～6 天即排卵不应期,此期不易交配。我国养殖水貂一般在 2 月底开始发情,3 月中旬进入发情旺期,3 月下旬进入发情末期,配种时期仅有很短的 1 个月左右,因此要科学合理制定配种计划,保证顺利完成配种任务。

二、水貂交配行为和交配方式

水貂进入发情期,呈现出各种发情表现,如不断发出"咕咕"声、频繁排尿、兴奋、食欲减退,将母貂放进公貂笼内,就会出现追逐、嗅阴、爬跨等一系列交配的行为,公、母貂进入发情旺期,母貂温驯易接受公貂交配。公貂衔住母貂颈部皮毛,爬跨于其背上,前肢紧抱母貂后腹,后躯极力弓向前方,臀部频繁向前抖动,母貂尾向外侧偏,臀部抬起配合。公貂射精时眯眼,后肢微微颤抖,母貂微微低吟。每只公貂一个配种期一般能交配10~20次,每次交配时间短则3~5分钟,长则30~50分钟。

水貂的交配采取连续复配和周期复配联用的配种方式,配种旺期前交配的母貂采取先周期再连续复配的交配方式,即1+7~10+1(即初配后隔7~10天复配,隔1天再次复配);配种旺期或配种旺期后交配的母貂采取先连续后周期交配的方式,即1+1+7~10。采取何种交配方式,根据母貂的发情情况而定。

三、水貂排卵和受精过程

水貂是刺激性排卵动物,通过交配动作的刺激或类似的刺激(如公貂爬跨等)才能排卵。通常在交配后36~72小时排卵。母貂第一次排卵后,有5~6天的排卵不应期,此期不管是交配刺激,还是其他激素类刺激,都不能再次排卵,此期不易交配,交配也不易受孕。异期复配的母貂,如果第二次排卵没有受精,前次的受精卵依然存在,当第二次排卵受精,前次的受精卵多数不能附植。排卵后卵母细胞在12小时内到达受精部位。精子在母貂生殖道内具有受精能力的时间为48~60小时。根据Hansson研究,一次交配的母貂排卵数在3~17个,平均为8.7 ± 0.3个,在人工饲养条件下水貂胎产仔数一般为6~7只。

四、妊娠和产仔特点

母貂最后一次交配结束至产仔的这段时期称为妊娠期。水貂的妊娠天数一般为40~55天,少数为37天,个别长达91天,平均为47 ± 2天。整个妊娠期分为3个阶段:卵裂期、胚泡滞育期和胚胎期。卵细胞在输卵管上段受精后,受精卵从输卵管到达子宫需6~8天的时间,胚泡进入子宫后,不能立即植入子宫壁,处于游离状态,需要经过1~46天的胚泡滞育期。妊娠期的长短与胚泡滞育期的长短直接相关,而滞育期的长短与光照时数长短有关,随着春分后的光照时数增加,滞育期缩短。所以配种结束早的比配种结束晚的母貂滞育期长,导致母貂个体间妊娠期的长短变化幅度较大。在人工饲养条件下,母貂血浆中孕酮浓度多在3月25~30日开始升高,所以母貂无论何时结束配种,胚泡多在4月1日至10日植入。光照时数与孕酮分泌直接相关,孕酮分泌提前,会缩短胚泡滞育期,所以在生产中要注意光照时间,妊娠期不能在室内饲养,或人工无规律增加或减少光照。胚泡植入子宫壁后,胚胎迅速发育,经30±1天就能产仔。母貂多次交配,如最后一次排卵没有受精,前次的受精卵依然存在;如最后一次交配的受精卵得到发育,前次交配形成的胚泡多数不能附植,被母体吸收或排出体外,主要由于母貂子宫内膜不具备使前次胚泡着床的条件,另外一个原因是最后一次交配刺激所引起的生殖道肌肉频繁收缩造成的。

水貂的预产期是配种结束时间加上平均妊娠天数(47天),产仔期是在4月中旬至5月下旬,5月1日前后是产仔旺期。

第三节　影响水貂繁殖力和仔貂成活的关键因素

一、影响水貂繁殖力的关键因素

影响水貂繁殖力的因素很多,主要包括种貂的品质、种貂群的年龄组成、繁殖技术、饲养管理和种貂生殖系统疾病防治等。

(一)种貂品质　优良的种貂是提高繁殖力的关键因素,不断选育繁殖力高的优良种貂是提高繁殖力的有力措施。

(二)种貂群的年龄组成　种貂群要有合理的年龄比例,一般经产种貂的繁殖力要高于初产种貂,每年都要选留繁殖力高的种貂留为种用,经过几年严格筛选和淘汰,会明显提高整个貂群的繁殖力,所以种貂群中经产种貂的比例高于初产种貂,其繁殖力就高(表6-1)。

表6-1 种母貂年龄与繁殖力的关系

年 龄	投产母貂	受配率(%)	产仔率(%)	胎平均产仔数
1岁	91	96.70	73.86	5.97
2岁	86	98.84	81.18	6.46

(三)繁殖技术 要熟练掌握水貂繁殖关键技术,才能最好的发挥种貂的优良性能,直接提高种貂的繁殖力。

(四)饲养管理 水貂繁殖期的体况对繁殖力有直接的影响,公貂体况过胖不易交配成功,母貂体况过胖容易造成生殖障碍,体况过瘦不能很好地完成配种任务。适宜体况的种貂繁殖力高,体重指数是较好的量化体况的指标(表6-2)。

表6-2 不同体重指数母貂的繁殖力情况

体重指数(克/厘米)	母貂数	受配率(%)	产仔率(%)	胎平均产仔数
16~23	16	93.75	66.70	6.80
24~29	74	91.89	72.06	6.16
30~35	84	92.86	80.77	6.24
37~43	8	87.50	57.14	1.13

(五)种貂生殖系统疾病 如公貂的睾丸炎、母貂的子宫内膜炎等疾病都直接影响种貂的繁殖力。

二、影响仔貂成活的关键因素

研究表明,1~10日龄是仔貂死亡率最高的时期,了解影响仔貂成活的关键因素,制定有效解决措施能避免仔貂的死亡,是提高养殖效益的重要方面。

影响仔貂成活的关键因素包括:窝室温度、母性、充足健康的母乳及安静环境等。

(一)窝室温度 出生至 10 日龄内,仔貂自身不能调节温度,完全依靠母貂的身体温度来取暖和产热,母貂产仔要消耗身体大量的能量,所以窝箱中的温度对维持仔貂的成活是至关重要的。在北方地区母貂产仔旺期早晚的温度还很低,要将垫草垫得厚些,尤其是窝箱四角,保证不透风,营造温暖舒适的环境,使弱仔不至被冻僵甚至冻死。

(二)母性 母貂的护仔、泌乳等能力称为母性。经产母貂的母性要优于初产母貂,护仔经验胜于初产母貂,母性好的母貂能很好地照顾仔貂,能提供充足的乳汁,提供温暖的环境,保护好幼仔,幼仔在窝箱中聚团,很好地生长发育。

(三)保证充足的母乳 在产仔期要饲喂促进母乳分泌的饲料。要求饲料营养全价,富含蛋白质、脂肪、碳水化合物及比例适当的维生素和矿物质元素,以保证母貂分泌充足的乳汁提供给仔貂,满足仔貂生长发育需要。

(四)安静环境 产仔期一定要保证笼舍周边环境安静,不能产生巨大的声响和噪声,惊动母貂,使其恐慌,严重的会诱发食仔现象,造成重大的经济损失。此外,应尽量减少人为对母貂的惊扰,以免应激造成仔貂的死亡。

第四节 水貂繁殖关键技术

繁殖期是水貂生产周期中的关键时期,掌握繁殖期的关键技术,有利于发挥种貂的优良性能,扩大群体数量,提高生产效益。水貂繁殖期的关键技术包括:发情鉴定技术、配种技术、产仔保活技术。

一、水貂发情鉴定技术

人们根据水貂的行为表现、外生殖器官变化、放对试情、阴道分泌物涂片镜检等方法判断水貂是否发情并能接受交配的方法,称之为发情鉴定。常用的鉴定方法如下:

(一)行为观察　在配种时期,公貂食欲减退,兴奋,频繁排尿,在笼网中不停窜动,活动量增加,不断发出求偶声。母貂发情时,精神不安,食欲下降。

(二)外生殖器官变化　通过母貂的外生殖器官变化来判断其所处的发情时期,是生产中有经验的饲养员常用的方法。未发情的母貂,阴门紧闭,阴毛呈束状;发情的母貂根据阴门肿胀程度、色泽及有无黏液等情况将发情时期分为3个阶段:发情前期、发情旺期和发情末期。

1. 发情前期　阴毛略分开,阴唇微开,刚开始充血肿胀,呈淡粉红色,有少量白色分泌物。此期母貂拒配,即使交配也不排卵。

2. 发情旺期　阴毛倒向两边完全分开,阴唇外翻,肿胀明显,呈粉红色或乳白色,有较多黏液,此期易交配并能排卵。

3. 发情末期　阴毛逐渐合拢,阴唇肿胀外翻,黏膜干涩收敛,有皱纹,呈苍白色,有的稍发紫,此期难配。

(三)放对试情法　将母貂放入公貂笼内,发情母貂无敌对现象,公貂爬跨时母貂抬尾提后臀,接受交配。未发情的母貂,对公貂有敌对行为,并拒绝公貂爬跨,有时向公貂进攻,发出刺耳的尖叫声。

(四)阴道上皮细胞图像检查法　水貂配种期,对于隐性发情或母貂外生殖器官变化不明显的,可以采用阴道内容物涂片镜检方法来确定母貂处于发情哪个阶段,通常用棉签或胶头吸管插入母貂阴道蘸取少许阴道内容物,涂于载玻片上,用普通显微镜放大400倍进行观察,大体分为4个时期:未发情期视野中可见到大量小而透明的白细胞,无脱落的上皮细胞和角质化细胞;发情前期视野中白细胞减少,出现较多的多角形角质化细胞;发情旺期视野中无白细胞,具有大量的多角形有核角质化细胞;发情后期视野中多角形角质化细胞数量减少,出现大量无核角质化细胞和白细胞。

二、水貂配种技术

不同饲养地区,不同品种及饲养管理条件的差异等决定了水貂的配种时间有所不同,一般在每年2月中旬至3月下旬,前后20~25天,经产母貂比初产母貂发情早。

(一)配种方式 水貂的配种方式分为连续复配和周期复配2种。

1. 连续复配 在1个发情周期内,母貂连续2天或隔1天交配2次,即1+1或1+2,称为连续复配,多在发情旺期后采取此方式。

2. 周期复配 在2个以上的发情周期进行2次以上的交配,称为周期复配,即1+7~10+1或1+7~10+2,多在发情旺期前采取此方式。

以水貂的发情旺期为临界点,发情旺期前交配的母貂多采用先连续复配再周期复配的方式,即1+7~10+1或1+7~10+2;发情旺期后交配的母貂多采用先周期复配再连续复配的方式,即1+1+7~10或1+2+7~10。

由于水貂的配种期较短,所以要合理计划安排每天的配种任务,避免在水貂排卵不应期交配或漏配造成的空怀。

(二)放对时间、方法和配种时间

1. 放对时间 一般在6:00~8:00或13:00~14:30放对,上、下午都是先放对后喂食。

2. 放对方法 将母貂抓至公貂笼门前,来回逗引,如果公貂有求偶表现,发出"咕咕"叫声,即打开笼门,将母貂头颈部送入笼内,等公貂叼住母貂颈背部后，将母貂顺手放于公貂腹下，放开手，关好笼门让其交配。放对后要细心观察母貂的行为，发情好的母貂，顺从公貂，接受公貂爬跨能达成交配。当公、母貂有敌对表现，互相撕咬，母貂躲在笼网一角发出刺耳的尖叫声或向公貂扑咬时要立即分开或调整公貂，以免造成性抑制，影响配种任务完成。

3. 配种时间　一般交配时间为 30～50 分钟，交配时间过短的，要注意观察公貂是否有射精动作或辨别是否真配，以免遗漏。交配后，公母貂很快发生咬架现象，必须及时分开将母貂放回原笼内。

(三)公貂训练和利用　合理利用种公貂是顺利完成配种工作的重要因素之一。公貂利用率的高低直接影响配种进度和配种质量。配种开始时，重要的任务是先把发情好、性情温驯的经产母貂送给初配幼龄公貂，使其交配成功，在第二天继续配另一只母貂。在 3 月 10 日前公貂的利用率达到 85% 以上，才能保证顺利完成配种任务。整个配种期公貂一般能配 10～15 次，初配阶段每只公貂每天只配 1 次，连续配 3～4 次后休息 1 天；复配阶段 1 天可配 2次，2 次间隔 4～5 小时，连续 2 天交配 4 次的，要休息 1 天。

(四)精液品质检查　初配的公貂，交配成功后，都要进行精液品质检查，选留下精液品质好的公貂完成配种工作，要及时淘汰精液品质差的公貂，与其交配的母貂要更换公貂重配。检查方法：将清洁消毒过的吸管插入刚交配完的母貂阴道内，取少量精液，涂在载玻片上，置于 100～400 倍显微镜下观察，镜检要在室温 20℃ 的房间内进行，通过精子的密度、活力和形态来判断精液的品质。

精子品质分为优、良、可、差 4 个标准。一个视野里，精子量很多，半分钟内无法查完，为"优"；精子较多，半分钟内可查完，为"良"；只有几个精子，为"可"；无精子、精子不动、畸形率过高，为"差"。

(五)配种登记和记录　要详细记录好配种记录,标记好育种牌,这是正确建立种貂谱系档案的依据。

(六)配种须注意事项

①正确辨别真配和假配,真配有明显的射精动作,交配时间长;假配交配时间短,无射精动作,可通过检查母貂阴门的变化和精液镜检的方法来辨别。

②防止误配,以免公貂阴茎误插入母貂肛门,对母貂造成伤害和误配引起空怀率上升。

③初配母貂不可过频与公貂试情,以免惊恐和伤害造成母貂失配。

④母貂放入公貂笼内,若撕咬厉害,应立即分开,防止对公貂造成性抑制,影响配种进度。

⑤加强管理,防止跑貂,配种前要修好笼舍,抓母貂要稳、准,防止跑貂造成谱系混乱,不能跟踪记录。

三、水貂产仔保活技术

从母貂产仔到仔貂断奶这段时期称为产仔哺乳期,这个时期是整个繁殖期中最重要的时期,是决定整年养殖效益的关键时期。掌握水貂产仔保活关键技术可确保母、仔貂的健康,提高仔貂成活率。主要包括2个方面的工作:产仔前的准备工作和产后的检查与护理工作。

(一)产仔前的准备工作　产仔期之前的2~3天做好窝箱的消毒和保温工作,一般用2%热氢氧化钠(火碱、烧碱)溶液洗刷,也可用酒精喷灯火焰消毒。垫草要在阳光下暴晒,防止存有霉菌等病原微生物,最好是碎稻草,有利于母貂絮窝、仔貂抱团及吸乳。我国北方地区产仔期早晚天气很冷,所以要垫好垫草,特别是窝箱的四角,以保证母貂产仔时能有温暖的环境。同时要做好产仔期的记录。

(二)产仔的检查与护理工作

1. **产仔时安静的环境**　母貂产仔时宜保持貂场安静,严禁在貂场附近及貂棚内产生剧烈的声响,以免影响母貂产仔。建议不在母貂产仔后当天,直接打开窝箱检查产仔情况,以防母貂受惊诱发难产、叼仔、咬仔等问题。

2. **保证充足饮水和营养日粮**　母貂产仔时,一定要保证充足的饮水,否则往往造成咬仔或吃仔等不良后果。在产仔期日粮中要增加促进泌乳的饲料,如牛奶、豆奶等,适当增加油脂饲料含量,保证母貂能分泌充足的乳汁供仔貂生长需要。

3. **仔貂补饲**　仔貂 20 日龄后就能采食饲料,应根据仔貂的数量和采食情况来决定饲喂量,提供母貂和仔貂充足的日粮。

4. **仔貂检查**　一般是产后 24 小时之内完成第一次检查,此后可根据仔貂叫声和母貂护理情况进行再检。检查产仔貂数、体型大小、发育情况、吃乳情况以及健康状况等。检查时动作要轻而快,不能弄乱原窝。此时饲养人员不得用化妆品,防止带入异味,或者穿鲜艳的衣服,这些易导致母貂抛弃或伤害仔貂。如发现仔貂吃奶情况不好,要辨明是母貂母性不强、泌乳能力差还是产仔数多,可以考虑代养仔貂,来提高仔貂的成活率。代养方法:可用沾有代养母貂体味的物品在仔貂身上擦涂,然后将仔貂放置在小室门口,母貂听到仔貂叫声,就会出来自愿将仔貂叼入窝内。

5. **及时分窝**　为增加仔貂采食饲料,促进其自立,避免发育不均一的幼崽间发生以强欺弱,在仔貂 45 日龄后,要及时分窝,除个别体型小、瘦弱的仔貂可考虑 60 日龄分窝。及时分窝还有利于母貂体况尽早恢复,为下一个繁殖周期做好准备。

第五节　水貂育种关键技术

水貂育种涉及以下几项关键技术:确定育种目标、选种技术、选配技术、繁育技术、建立育种核心群。

一、确定水貂育种目标

育种是水貂养殖业中最基本、最重要的长期性工作,培育出新的水貂优良品种,对提高貂群质量和生产性能具有重要意义。建立明确的育种目标是培育水貂优良品种的前提,水貂的育种目标是培育出毛皮品质好、繁殖力高、体型大、抗病力强的优良品种。

二、水貂选种技术

为达到水貂育种目标,首先要了解选种的标准,严格按照选种要求进行选种工作。选种主要分为3个阶段:初选、复选和精选。

(一)初选 一般在6~7月份进行,在仔貂断奶分窝时,根据同窝仔貂成活数、发育情况和父母貂的繁殖性能等指标来决定留种;成年公貂根据配种能力(交配≥4只母貂)、精液品质优、与其交配的母貂的产仔情况(产仔率达到90%)等指标;成年母貂根据产仔日期(5月5日前)、产仔数(≥7)、仔兽成活数(≥6)、母性好(无恶癖)、泌乳力强选留下来,要比实际数多选留出40%。

(二)复选 一般在9月份进行,根据育成貂的生长发育情况、健康情况、换毛快慢情况等指标;成年貂根据换毛快慢、健康状况等指标来选留,比实际选留数多出20%。

(三)精选 一般在11月份进行,主要根据体型大小(体重和体长等)、毛绒品质(颜色、光泽、长度、细度、密度、有无瑕疵、弹性等)、健康状况、生殖器官发育情况、系谱和后裔鉴定等综合指标来不断筛选淘汰,优中选优,统一编号,建立系谱,幼龄公貂体重≥2千克,体长≥45厘米;幼龄母貂体重≥1千克,体长≥38厘米。

三、水貂选配技术

选配是选种工作的继续,是继承、巩固和提高双亲的优良品质,以获得理想的后代。根据选配原则可分为品质选配和亲缘选配。

(一)品质选配

1.同质选配　即选择体型大、繁殖力强、毛皮质量具有相似优点的公貂和母貂交配,来巩固和提高双亲的优点。

2.异质选配　选择具有不同优点的公、母貂进行交配,以期在后代中获得兼有双亲不同优点的后代。或者选择在同一性状品质有所差异的公、母进行交配(公貂的品质必须优于母貂),以保证后代的品质性能有所提高。

(二)亲缘选配

1.远亲选配　即祖系三代内无亲缘关系的个体选配,也称远缘选配。在生产中多采用此种方式。

2.近亲选配　即三代以内有亲缘关系的公、母貂交配。建议以生产为目的的饲养场,原则上应杜绝近亲交配,近亲交配可导致生活力和繁殖力下降,体型变小,毛皮质量降低,有时出现畸形。亲缘关系越近和时间越久,后果越严重。

3.年龄选配　不同年龄的个体选配对后代的遗传性会产生影响。一般2~3岁的种貂遗传比较稳定,选配效果也较好。所以在年龄选配时,应采用2~3岁的成年公、母貂进行交配,或者幼年公貂配成年母貂,成年公貂配幼年母貂。尽量减少幼年公、母貂间的交配。

4.体型选配　原则上应大配大、大配中、中配小。不能大配小、小配大或小配小。

四、水貂繁育技术

(一)纯种繁育　是在种兽主要遗传性状的基因型相同,表现型大部分相同的种貂群中,进行同类型自繁并逐年选优去劣,选育提高的过程。

当某种水貂类型已具备育种要求,而不需要进行重大改良时,可采用纯种繁育,以保持和巩固本类型的优良性质,逐年进行选优去劣,不断扩大种群。宜采用同质选配来巩固提高有益遗传性状的遗传力。宜采用远缘选配来防止近亲交配所带来的退化和危害。严格遵守选种标准,以达到选优去劣。

采用品系及品族繁育:品系指以1只优秀公貂为系祖,采取远亲或近亲繁殖所获得的一群优秀后代;品族是以1只优秀母貂为族祖,所扩繁的一群优秀后代。品系、品族形成后,不同品系、品族间再进行自群繁殖。这样可避免近亲交配,还可起到选育提高的良好作用。

(二)杂交繁育 是指采用2个或2个以上具有不同遗传类型和不同优良性状的种貂群相交,为了获得杂交优势或新类型的繁育过程。根据养殖场的规模和不同的生产目的,主要采用以下3种杂交繁育方式:

1.级进杂交 引进少量的优良水貂与原有品质低劣的貂群杂交,使繁殖的后代接近或达到引进种貂的水平,从而改良原有的貂群质量。先将引进的优良种貂与本场原有的种貂杂交,再把杂交一代与引进的种貂回交,第二代杂种又与引进的种貂回交。依次类推,其结果是后代中优良性状种貂的比例越来越高。级进杂交一般进行到3~4代,然后进行自然繁育。这种方法尤其适合中小型饲养场和专业户使用。

2.三系杂交 先用两个不同品系进行杂交,然后从获得的杂交一代中选留母貂再与第三个品系的公貂进行杂交。

3.轮回杂交 先用两个纯系进行杂交,然后从所获得的第一代中选择优良母貂,同两纯系中之一的公貂交配,这样轮回杂交下去,这种杂交方式叫做两系轮回杂交。三个纯系参加的叫三系轮回杂交。

三系杂交和轮回杂交的优点是在提高水貂质量的同时,又注意避免了近亲繁殖,这种方法适合大、中型饲养场选用。

五、构建水貂育种核心群

在严格选种的基础上,严格淘汰不理想的后代,由最优良的种貂组成核心群。同时注意某些微小的有益性状变化,并有目的地巩固这些有益性状,进一步提高核心群的质量。核心群的种貂不断向生产群扩大,以逐渐代替原有生产群,使整个貂群的生产性能及质量不断提高。

第六节　水貂繁殖、育种
常见问题与解决方案

一、如何提高产仔率

水貂的品种决定母貂的繁殖性能。优良的品种其繁殖性能也高,不断提高种群的质量,从根本上提高种貂的产仔率。

由于经产母貂具有一定的产仔和护仔经验,经产母貂的产仔率高于初产母貂,所以在生产群中要保持适宜经产种貂和初产种貂的比例,从而提高整个母貂群体的产仔率。

公、母貂的体况也直接影响产仔,公貂宜中等偏上体况,母貂宜中等体况,不宜过胖或过瘦,母貂过胖会造成配种难度增大,易造成难产,所以保持种貂适宜体况是提高产仔率的一个重要方面。

母貂的配种方式和次数也直接影响产仔,建议母貂至少配种2次,而且最后一次配种最好落在配种旺期,此种情况母貂产仔率高于配种一次和最后一次配种落在配种末期的。

二、如何提高仔兽成活率

研究表明,仔兽1~10日龄,是死亡率最高的时期,选种时选留母性好、产仔成活率高的母貂留为种用,不断提高种群中母性好的母貂数量,逐渐淘汰群体中有恶癖、敏感的母貂,可大大降低母貂咬死或吃掉仔貂的情况发生。

要保证提供母貂营养充足,促进泌乳的饲料,保证母貂能提供给仔貂充足的乳汁,是提高仔貂成活的关键因素。

窝箱中温暖舒适的温度,也是直接影响仔貂成活的关键因素。要保证窝箱中干燥、卫生和垫草厚度适度,减少因环境温度变化造成的仔貂死亡。

三、每个配种期适宜配种几次

水貂配种至少要保证 2 次,因为水貂是刺激性排卵动物,第一次交配后 36～72 小时排卵,所以水貂配种一次受孕率很低。要想提高受孕率,还要避开排卵不应期配种,最好是在配种旺期完成 2 次配种或最后一次配种落在配种旺期,这样会大大提高母貂受孕率,降低空怀率。

四、为什么妊娠期母貂会流产或产死胎

（一）饲喂含有激素类的饲料　母貂妊娠期和产仔期是整个繁殖期对饲料最敏感的时期,任何来历不明的饲料或存放过久的饲料都不要饲喂,尤其是可能含有激素类的饲料,否则可能对貂群造成非常惨重的损失。激素类饲料会造成母貂体内激素水平紊乱,造成母貂流产、胚胎吸收、产死胎。如蛋碴子、蛋包、毛蛋(未孵出雏鸡的鸡蛋)、畜禽副产品(未处理好带有含有激素的器官)等饲料都严禁饲喂。

（二）饲喂不新鲜的饲料　有些饲料存放过久,脂肪氧化、腐败,饲喂给妊娠期的母貂,会造成母貂机体产生病理性变化,直接影响营养物质的消化利用,满足不了胚胎正常生长发育的需要,严重的会造成胚胎吸收或产死胎。

（三）严重的惊吓或应激　母貂在妊娠和产仔期间,尽量避免周围环境嘈杂或剧烈声响刺激,否则会引起母貂恐慌,严重的会造成母貂流产。

第七节　水貂品种

野生水貂毛色多呈浅褐色,皮张尺码和毛绒品质均难满足需求。人工养殖中,通过对部分优良个体进行定向育种、扩繁,国内外现在已经培育出大量新的水貂品种。

一、毛色育种

（一）标准色水貂　野生水貂家养后,经过多代选择,毛色加深,多为黑褐色或深褐色,通称标准色水貂。标准色水貂体细长,似黄鼬（黄鼠狼）,头部小而短、耳壳小、四肢短,前后肢均 5 趾,趾间有微蹼,尾细长,尾毛长而蓬松,肛门两侧有一对骚腺。成龄雄貂体重 1.8～3.0 千克,体长 38～45 厘米;母貂体重 0.8～1.3 千克,体长 34～37 厘米。

（二）彩色水貂　水貂养殖过程中出现了 30 多个毛色突变种,育种人员经过多种繁育组合,使水貂毛色增加到 100 余种。这些与标准色水貂不同的水貂被称为彩色水貂。彩色水貂多色泽艳丽,经济价值更高。按色型彩貂可分为浅褐色系、白色系、黑色系和灰蓝色系。

1. 浅褐色系

（1）褐咖啡色貂　以丹麦马哈根尼水貂为代表,该品种毛色在暗环境下与标准黑水貂颜色相近,但光亮环境下针毛黑褐色,绒毛深咖啡色,且毛色随着光照角度和光照强度发生变化,体型较大,其毛皮属国际毛皮市场流行色。该品种貂皮质量优良,具有针毛短、细、密、齐,底绒厚、密的特点,是裘皮服装加工的绝佳材料。

(2)索克洛特咖啡色貂 与褐咖啡色型相近,体型较大,繁殖力强,但被毛相对粗糙。该色型貂因为具有 3 个毛色复等位基因,所以在色型组合进行毛色育种时具有极高价值。

(3)米黄色貂 毛色由浅棕色至浅米色,眼粉色,体型较大,繁殖力较强。

2. 白色系

(1)黑眼白貂 又称海特龙貂。毛色纯白,眼黑色,被毛短而齐,因基因原因母貂为耳聋,繁殖率较低。

(2)白化貂 其眼睛畏光,皮毛白色,鼻、四尾部呈浅锈黄色,体型较大,被毛纯白程度不如黑眼白貂。

3. 灰蓝色系

(1)银蓝色貂 又称铂金色、白金色貂。1930 年发现突变种,毛色呈金属灰色,深浅变化很大;体型较大,繁殖力高,适应性强,是国内常见的色型。

(2)钢蓝色貂 其基因型为银蓝复等位基因构成。毛色比银蓝色深,近于深灰,色调不匀,被毛粗糙,品质不佳。

(3)阿留申貂 又称青蓝色、枪钢色貂。毛色呈青灰色,针毛近于青黑色,绒毛青蓝色,毛绒短平美观。体质较弱,抗病力较差,但其隐性基因在育种上有很大价值。

4. 黑色系

(1)漆黑貂 又称漆炭色貂。毛色呈深黑色,光泽度好,仔貂出生时皮肤即比标准色水貂要黑。全身纯黑,针绒毛平齐、光良,背腹部毛色、质量基本一致,肉眼难以区分,是理想的优良品种,在我国已普遍养殖。

(2)银紫色貂 又称蓝霜貂。毛色呈灰色和蓝色,腹部有较大白斑,四肢和尾尖白色,白针毛散布全身,绒毛由灰至白。毛皮受市场欢迎度差,经济价值低。

(3)黑十字貂 有 2 种基因型和表现型。纯合型的毛呈白色,头、颈、尾根有黑色斑纹,肩、背、体侧有散在黑针毛,有很好的育种价值。我国应用其与彩貂杂交已成功培育出彩色十字貂。杂和型的肩、背有明显的黑十字图形,其余部位毛色灰白,黑针很少。

5. 组合色型

(1)蓝宝石貂　又称青玉色貂,由银蓝和青蓝 2 对纯和隐性基因组成。色泽近于天蓝色,毛皮质量优良,但繁殖率和抗病力较弱。

(2)银蓝亚麻色貂　由银蓝和咖啡 2 对隐性基因组成。毛被呈灰色,眼深褐色。

(3)红眼白貂　又称帝王白,由咖啡色和白化 2 对隐性基因组成。毛呈白色,眼呈粉红色,体型粗大,繁殖力优于黑眼白貂。

(4)珍珠色貂　由银蓝和米黄 2 对纯和隐性基因组成。毛为极浅的棕色或灰棕色,眼呈粉红色。

(5)黄玉色貂　由褐咖啡色和索克洛特咖啡 2 对纯和隐性基因组成。毛色浅褐,眼深褐色。

(6)冬蓝色貂　由银蓝、青蓝和咖啡色 3 对纯和隐性基因组成。毛色为淡蓝棕色,眼睛粉红色。

(7)紫罗兰色貂　由银蓝、青蓝和莫伊尔浅黄 3 对纯和隐性基因组成。毛色与冬蓝色水貂相似,但是略浅或略蓝。

(8)粉红色貂　是 4 对纯和隐性基因组合的色型。毛色近于很浅的珍珠色,带有粉红色调,眼红色,其毛皮市场前景较好。

(9)玫瑰色貂　由咖啡色、索克洛特、米黄 3 对纯和隐性基因再加 1 对银紫色杂合基因组合而成。毛色呈淡玫瑰色,其毛皮价值优于标准貂。

二、神经类型育种

和多数动物一样,水貂也分为不同的神经类型。神经类型对水貂应激性影响显著。一般可将其分为攻击型、驯顺型和中间型。

应激性较强的攻击型水貂,易受外界环境影响,发生失配、流产、仔貂死亡率较高等问题。俄罗斯毛皮动物育种专家经过数十年选育,已成功培育出像犬一样温驯、能作为宠物一样饲养的水貂,这种应激性弱的温驯型水貂,具有易于饲养管理、仔貂成活率高等优点,是水貂育种的亮点,必将受到水貂养殖业的欢迎。

第七章 水貂取皮及毛皮初加工技术

第一节 水貂取皮技术

水貂取皮是整个养殖过程的收获季节,是保证养殖利润的关键环节。取皮环节大体上可以分为 2 个主要步骤:毛皮的成熟鉴定和剥皮技术。

一、毛皮的成熟鉴定

水貂在一般情况下,1 年换 2 次毛。第一次在春季;第二次在秋季。秋季换毛后长到冬季,毛皮即可成熟。毛皮成熟后,经过鉴定即可剥皮。我国幅员辽阔,纬度跨越很大,水貂养殖地域很广,从江苏省北部直到黑龙江省北部都有水貂的养殖场,各地的气候、地形、饲料条件的差异导致各地的水貂毛皮成熟时间也存在差异。过早或者过晚取皮,毛皮质量都不能达到最优,从而影响经济价值。各地养殖场应根据当地气候和实践经验,在最适合的时间取皮。

一般来说,彩貂比标准貂毛皮成熟早,成年貂比幼貂早,母貂比公貂早,健康貂比病貂或者过瘦貂早。毛皮成熟时间从南到北依次推迟。山东省除美国短毛黑貂外在 10 月下旬至 11 月下旬基本取皮完毕,黑龙江省则要等到小雪节气后,水貂毛皮才能达到成熟的标准。

水貂毛皮成熟的标志:①夏毛褪尽,冬毛换齐,毛绒丰厚致密,针毛丰满,挺拔直立,毛被灵活,富有光泽,头部、耳缘针毛长齐,尾毛明显蓬松粗大;②水貂弯曲身躯时有明显裂缝,嘴吹裂缝可见皮板洁白或者稍微有青色;③试剥时,皮肉容易分离,皮板洁白或者稍微有青色,前肢和尾巴尖端可以有青色。

水貂符合以上情况时,基本可以确定毛皮已经达到成熟程度了。在实践生产中要根据市场要求和效益来确定取皮时间。例如山东省的皮货商对皮板的洁白度要求不高,一般收购的皮张皮板呈现青灰色稍微有点白,青灰板皮张背部针毛比较短而且平齐,并对服装质量没有影响。

除季节取皮外,还有一种褪黑激素皮。各地埋植褪黑激素时间稍微有些差异。在吉林省不留种的公貂和母貂在 6 月中旬开始埋植,不留种的仔貂在断奶分窝后,待针毛长出后埋植。公貂埋植90 天左右,母貂在 80 天左右皮张达到成熟。可按照季节皮鉴定方法鉴定毛皮是否成熟,一般激素皮的皮板都有些青色。水貂埋植褪黑激素既节省了饲料费用,又减少了劳动力和养殖风险。

二、剥皮技术

剥皮首先要进行水貂的处死,我国的水貂养殖场大小不一,技术条件和经济水平也参差不齐。小型养殖场主要是药物和棒打法处死,大型养殖场一般有专门的处死设备。例如某大型养殖场就采用一种自行设计的尾气处死法,经过改装将机动车尾气通入封闭车斗,将待处死水貂放入车斗内,然后加大尾气排放量,5 分钟后车斗内水貂全部死亡,这种方法省时省力。

考虑到动物福利,药物处死可能是最合适的方法。中国农业科学院特产研究所试验站毛皮动物养殖场一直使用氯化琥珀胆碱注射液处死水貂,该方法水貂死亡迅速,无痛苦,不损伤皮张,也比较经济。1 支 2 毫升氯化琥珀胆碱注射液可按 50 倍稀释,每只水貂肌内注射 2 毫升可在 5 分钟内死亡,心脏注射 1 毫升可在 5 秒钟之内死亡。但是水貂尸体的利用要充分考虑药物残留的影响。

目前,毛皮动物的剥皮方法主要有圆筒式、袜筒式和片状式 3 种,水貂剥皮一般采用圆筒式剥皮法,具体操作程序如下:

(一)挑裆　捏住后肢掌,用挑刀(或者剪刀)从后肢肘关节(脚掌上部)处下刀,沿腹内侧长短毛交界处挑至肛门前缘,横过肛门,再挑至另一只脚掌前缘。最后由肛门后缘中央沿腹面中央挑至尾中部,去掉肛门周围的无毛部位。刀要紧贴皮肤,以免挑破肛门腺,挑裆时必须严格按照长短毛分界线准确下刀,在距肛门下 0.6 厘米处割掉一小块三角形毛皮,决不允许采用脚掌—肛门—脚掌的一条线开裆方法。要防止后裆部位重叠,做到背腹一齐。尾部应从中点直线挑至肛门后缘。

(二)前后脚掌的处理　后肢可以在脚掌踝关节处剪断,前肢可以在腕关节或者肘关节处剪断。

(三)剥皮　挑完裆后,用锯末擦洗干净挑开处的污血,既防止污染皮张,又可防滑。将手指插入后肢的皮与胴体之间,用力均匀地剥离开皮张直到踝关节,剪断,将粘连部分分开。然后将尾根处皮肉仔细剥离开来,可用剪刀手柄夹住尾骨用力往尾尖处拉,即可剥离整个尾巴,然后挑开尾部剩余部分。将两个后肢固定于工作台上,用锯末清洗手掌和皮张的血污处,两手抓牢两后肢,剥离皮张应均匀用力往头部拉,使皮肉分离,皮张呈现毛朝里的圆筒状。剥公貂皮时,要先剪断阴茎口,防止破坏皮张。到前肢部分时,要小心用力,逐个剥离前肢,不可用力猛拽。一手拽皮张一手抓着前肢,待皮张过了肘关节露出腕关节时剪断。剥离到头部时更需小心谨慎,可以用刀具辅助剥离,一手拽皮张一手拿刀,小心剥离耳基部和眼眶基部,贴着骨膜和眼睑小心地割断皮与肉的连接处,注意保持耳、眼、鼻、唇部完整。整个剥皮过程要边剥皮边撒锯末或者玉米面。剥下的皮张或者直接出售,或者经过初加工、干燥后再出售。因为小型养殖场的初加工过程不精准且比较粗糙,容易产生破损皮,所以现在服装生产企业倾向于收购未经加工的皮张。

第二节 鲜皮的初加工技术

动物身上剥下的鲜皮,都含有脂肪和蛋白质等有机物质,还含有水分,在一定温度下很容易腐烂变质,甚至报废。因此,对鲜皮应及时进行加工。一般的初步加工有 5 个过程:刮油、洗皮、上楦、干燥和下楦。

一、刮 油

刮油时用力要均匀,持刀要平稳,速度要适中,以刮净残肉、结缔组织和脂肪,又不损坏毛囊为原则。刮油分机器刮油和手工刮油 2 种方式。大型养殖场一般都使用机器刮油,速度快,效率高,而且皮张洁净,破损皮张少。先将筒状生皮套在刮油机的木质辊轴上,拉紧后用铁架固定住两后肢和尾部。右手握刀柄,接通电源,机器刮油刀开始旋转。刮油时先从头部开始,使刀轻轻接触皮板,同时向后推刀至尾根,依次推刮。使用刮油机时,起刀速度不能过慢,所刮部位只许走一刀,如需再刮,应使貂皮转 1 周,否则刀具摩擦生热,容易损伤皮板,造成严重脱毛。皮板上残留的肌肉、脂肪和结缔组织用剪刀修剪干净。

小养殖场一般使用手工刮油。将圆筒状皮毛朝里套在楦木上,贴紧,使用竹刀或者钝刀顺毛的方向刮,从尾根或者后肢开始往头部刮,刮刀一定要稳,切忌用力过猛伤害毛根。母貂的乳房部位、公貂的阴茎部位和前腋下容易刮破,要特别小心。残存的肌肉、脂肪、结缔组织可用剪刀去除。木楦有两种,一种细小的适合刮母貂皮,一种粗大的适合刮公貂皮。边刮油边用锯末搓洗皮板和手指,以防油脂污染毛被。

如果刮油不当,就会造成刀伤和破洞等人为伤残,使一张优质貂皮变为残次皮,影响毛皮质量。刮油前应注意将貂皮上的异物清理干净,操作时貂皮不准重叠。应努力提高技术水平和熟练程度,手法不宜过重,以免损伤毛囊。

二、洗　皮

刮油后要立即洗皮,用小米粒大小的硬质锯末或者粉碎的玉米芯搓洗,先搓洗掉皮板上的残存油脂,翻转皮板搓洗毛被,先逆毛后顺毛,然后抖掉搓洗物,直至毛绒蓬松、灵活、显出原来的颜色和光泽为止。洗皮用的锯末和玉米芯要过筛,以除去细粉和灰尘。切勿使用麦麸和含油脂的锯末洗皮。在洗毛面的木屑内加适量的中性洗涤剂,可使毛面洁净、光亮。

大量洗皮可使用转鼓和转笼,效果很好。先将皮板朝外的皮筒放入装有锯末的转鼓里,转动转鼓,速度控制在 20 转/分,运转10 分钟即可。然后将皮筒翻转,使毛被朝外,再放入转鼓中清洗,速度和时间与上相同。洗皮用的锯末不能太细,否则容易附着在绒毛内不容易抖落。把洗完的皮张在转笼内甩干净锯末和粉尘,转速和时间也保持在 20 转/分,10 分钟即可。洗皮分洗毛面和洗皮板 2 项,不可混装入转鼓。所用的木屑不能含树脂,洗毛和洗皮木屑不得混合使用。每次投入转鼓的貂皮不宜过多,并注意转速不可过快,应以貂皮从转鼓上部穿过、木屑不断落入地面为好。

三、上　楦

刮油和洗皮后应及时上楦板,可防止干燥后皮张收缩或褶皱,并可使皮张对称美观。水貂皮所用楦板是全国统一标准,分公母2 种,各地外贸公司均有样品供仿制或成品出售,养殖场和养殖户不得随意制作和使用不合格的楦板,否则会降低毛皮等级和质量,影响卖价。上楦时应以能顺利操作而不出现皱折为标准,尾簇呈倒塔形,比原尾缩短 1/2,后腿拉宽、展开,自然下垂,皮身不歪不斜。防止拽拉过大降低毛绒密度,影响覆盖能力,有损毛皮质量。

有的地区用泡桐木制作楦板,因该木材含单宁物质,易使皮板黄染,必须蒸一下才可使用。水貂用楦板统一规格见表7-1。

表7-1　水貂皮楦板规格　（单位:毫米）

公 皮 楦 板	母 皮 楦 板
全长 1100,厚 11	全长 900,厚 10
距尖端 20 处,宽 36	距尖端 20 处,宽 20
距尖端 130 处,宽 58	距尖端 110 处,宽 50
距尖端 900 处,宽 115	距尖端 710 处,宽 72
距尖端 130 处,中部开透槽,长 710,宽 5	距尖端 130 处,中部开透槽,长 600,宽 5
距尖端 130 处,两侧开半槽,长 840,宽 20	距尖端 130 处,两侧开半槽,长 700,宽 15
由尖端起,两侧正中开一条小沟槽,距尖端 140 处,开长 140 与中槽相通的透槽	由尖端起,两侧正中开一条小沟槽,距尖端 120 处,开长 130 与中槽相通的透槽

先用废报纸缠好楦板,套上毛被朝外的筒状貂皮,调整皮形,并把两前腿顺着腿筒翻入胸内侧,使露出的腿口与全身毛面平齐。然后翻转楦板上正头部,使楦板顶端顶住水貂鼻部,尽量拉伸头部,使用图钉固定鼻部,再拉臀部,将尾基部尽量拉宽、固定,使尾部边缘与尾根平齐,用图钉固定。用拇指从尾根部开始,依次横拉,尽量拉宽皮面,形成许多横的褶皱,直至尾尖,如此反复拉伸2～3次,使尾部长度缩短 2/3 或者 1/2,以细网片压在尾上,用图钉固定。背面上好后,再翻上腹面,拉宽两后腿,铺平在楦板上,使腹面与臀部边缘平齐,两腿平直靠紧,盖上细网片,用小钉固定。最后把下唇折向外侧。

四、干 燥

毛皮最好采用专用的风干机进行常温通风干燥。小型养殖场、专业户也可因地制宜采用烘干的方法进行干燥。温度要求保持在20℃～25℃,室内通风并保持干燥。皮张上好楦板后直接进行风干,将皮张嘴部插到风干机的气嘴上,使气体通过皮张里侧带走水分。风干生皮的最适温度是18℃～25℃,空气相对湿度55%～65%,严禁在高温(≥28℃)或者强烈日照下进行风干,否则会造成毛峰弯曲或者闷板脱毛。室温维持在20℃～25℃,每分钟每个气嘴喷出空气0.29～0.36米^{3}的条件下,大约24小时水貂皮即可风干。应抖起毛峰、腹部向上再送风,皮张不准重叠。每次处死水貂数量不宜过多而堆积,以免温度升高造成流针飞绒和受焖脱毛。

五、下 楦

当四肢及腋下部位基本干燥时,要及时下楦。下楦时仔细拔出所有钉子,用软毛梳子梳理一下毛被,与楦板粘连的皮张可用手持尾部,以鼻尖处轻轻撞击地面振荡几次,即可拿下,不可敲击楦板角棱处。下楦后的毛皮要放置在常温室内进一步晾干。

至此水貂皮的初加工基本完成,干燥的水貂皮张放入冷库即可较长时间地保存,常温保存还需要经常检查虫蛀、返潮等情况。

第三节 貂皮的收购规格

水貂皮的等级鉴定应在灯光下进行,浅蓝色案板,上方设4只40瓦的日光灯管。首先要求皮张剥取得当,没有残余油脂,没有尾骨和腿骨,按标准上楦、风干、加工成毛朝外的风干筒皮。

一、等级规格

(一)一级皮　季节皮,皮张完整,毛绒丰足,针色齐全,毛被光亮。背、腹部毛绒平齐、柔和,板质良好,无伤残。

(二)二级皮　季节皮,皮张完整,毛绒略空疏或略短薄,针色齐全,具有一等皮的毛质、板质,或仅次于一级皮,可带有下列伤残、缺陷:

①次要部位略带夏毛或有不明显的轻微伤残,或轻微塌脖、塌背。

②轻微咬伤、擦伤或者小疮疤,面积不超过 2 厘米^2,或皮身有破口长度不超过 2 厘米,或有白毛峰集中一处面积不超过 2 厘米^2。

③针毛稍微勾曲或撑拉过大。

(三)三级皮　季节皮,皮张完整,毛绒品质和板质具有二级皮质量,或次于二级皮标准,可带有下列伤残、缺陷:

①皮身破口总长度不超过 3 厘米。

②咬伤、擦伤、破洞或者小疮疤,面积不超过 3 厘米^2。

③毛峰勾曲较重或加工过程撑拉严重。

(四)等外皮　不符合一、二、三级标准,受焖脱毛、开片皮、白绒底、毛峰弯曲严重等皆为等外皮。

彩貂皮张要求符合本色型的毛色特征,色泽美观,无杂毛,亦适合上述标准。

二、长度比差

使用统一规格的楦板风干的貂皮,测量从鼻尖到尾根的长度,根据长度决定价格(表 7-2)。

表 7-2　貂皮长度比差标准　（单位：厘米）

公　皮			母　皮		
皮长（厘米）	比　差	国际尺码号	皮长（厘米）	比　差	国际尺码号
89 以上	150%	000			
83～89	140%	00			
77～83	130%	0			
71～77	120%	1	71 以上	140%	1
65～71	110%	2	65～71	130%	2
59～65	100%	3	59～65	120%	3
53～59	90%	—	53～59	110%	4
53 以下	—	—	47～53	100%	5
			47 以下	—	—

三、等级比差

一级 100%，二级 80%，三级 60%，等外 50% 以下，按质计价。

四、公母比差

公皮 100%，母皮 80%。

五、颜色比差

标准水貂皮以褐色为 100%，浅褐色 96%，中褐色 98%，褐色 102%，深褐 104%，黑色 106%。彩貂皮颜色暂不实行分级。

另外，彩色水貂也适用于以上规格，要求色正、鲜艳、不带老毛。对不具备彩貂标准的杂色貂按等外皮收购。等内皮长度规定必须符合统一楦板宽度。

具有下述情况不算缺陷：断尾不超过 50%；腹部有垂直白线；

宽度不超过 0.5 厘米；毛被有少量散在白针毛；尾部和四只脚爪部位略带青灰色；公皮后裆秃针不超过 5 厘米^2。

具有以下情况属于缺陷，需酌情定等级：开裆不正，缺腿缺耳，破鼻，刮油不净，非季节皮，缠结严重，撑拉过大，毛绒空虚等。

具有以下情况皮张无价值：焖皮严重、脱毛，焦板皮，塌脖、塌背和毛峰勾曲严重，毛绒空虚，质量恶劣，无制裘价值。

第四节　影响貂皮质量的因素

有许多因素可以影响到貂皮的质量，概括起来有两个，一个是自然因素，一个是人为因素。

一、自然因素

地域、性别、年龄都能影响貂皮的质量，比如东北地区气候寒冷，貂皮毛绒丰厚，皮板较厚；山东、河北地区气候温暖，貂皮绒毛相对较稀少，皮板也薄。还有水貂的品种问题，美国短毛黑、金州黑貂、普通标准貂的貂皮质量肯定有差别，这个影响因素是先天的、决定性的，所以每个养殖场无论大小都应该有选择地留种、选种、育种或者引种，结合养殖各品种的预期效益，养殖迎合市场需求的品种，淘汰价值低下不受市场欢迎的品种。

二、人为因素

饲养管理不当可能会导致皮张质量的下降。水貂咬伤、营养缺乏导致的食毛、笼箱潮湿等都会降低毛皮质量；饲料中维生素和矿物质缺乏会导致毛纤维发育不良，被毛色浅、脆弱等；饲料中缺少甲硫氨酸、胱氨酸等含硫氨基酸会导致毛皮发育不良，毛纤维强度降低等。

屠宰季节和屠宰方法对毛皮的质量也有影响。不同季节的皮板组织结构和毛被的成熟度有很大差异,屠宰方式不当会造成各种伤残,降低质量,所以要准确鉴定貂皮成熟时间并用正确的方式屠宰。

初步加工时造成的损伤,如剥皮不小心造成刀洞、撕断,刮油时用力过猛,上楦风干不当导致焦板、霉板、皱板等缺陷;皮张保存过程中,返潮、浸水、虫蛀、鼠咬等原因,运输过程中雨淋、挤压、撕破等,都会降低貂皮质量。

第五节　水貂副产品开发

饲养水貂不仅可以获得珍贵的皮张,水貂的副产品——貂心、貂肉、貂脂肪、貂粪等,也具有较高的经济价值。

一、貂　心

貂心是名贵的中药材,以貂心为主要原料,配以其他多种中草药制成的利心丸,治疗风湿性心脏病和充血性心力衰竭效果非常好。民间单独使用貂心缓解和治疗风湿性心脏病,效果不错。

二、貂　肉

貂肉的开发利用远没有达到应有的程度。公貂的胴体重占活体的 43%,母貂胴体占活体的 46%,每年都可产生大量的水貂肉,水貂肉属于高蛋白、低脂肪的肉类,含蛋白质 18%、脂肪 12%,肉质细腻,营养丰富。可作为野味烹调食用,具有滋补强壮、改善贫血的功效,为增大水貂养殖收益开辟了新途径。

三、脂　肪

水貂的脂肪油脂浸透性很强,易乳化,含有多不饱和脂肪酸,在常温下比较稳定,熔点低,无毒,无刺激性气味,组成上接近于人体脂肪,经过一系列的加工后,可用于高级化妆品和治疗皮肤病的原料药物。

四、貂 粪

貂粪是一种高效有机肥,并有一定的驱虫灭虫功效。鱼塘施用貂粪可提高水质肥力,增加鱼饵料来源。对小麦、谷子追肥增产效果明显。1只成年貂1年可产粪便大约28千克,厩肥约280千克,充分利用养殖场的粪便、排泄物,是建设循环农业经济,生产绿色无公害农产品的关键一环。

另外,貂肝含有丰富的维生素A,可以治疗夜盲症;貂鞭能壮阳,治疗阳痿有一定效果;貂血、脑、肛门腺等副产品,也有利用价值,有待深入研究开发。

第八章 水貂疾病防治技术

第一节 水貂疾病发生原因及分类

一、水貂疾病发生原因

水貂疾病的病因包括内源性和外源性因素,内源性因素指机体自身生理平衡紊乱;外源性因素指病毒、细菌、毒物、物理损伤和营养失调等。水貂发病受多种因素影响,包括致病因素的性质、强度、感染方式和途径,水貂的遗传特点(品种、品系)、日龄、健康状况、免疫水平,及温度、湿度、卫生、管理水平等。

二、水貂疾病分类

水貂的疾病根据发生特点可分为传染病、营养代谢病、普通病等。

1. **传染病** 包括细菌性传染病、病毒性传染病、寄生虫病、真菌病等。其病原包括细菌、病毒、立克次氏体、衣原体、霉形体和真菌等微生物。特点是:①每一种传染病都由一种特定的微生物所引起,而且宿主谱宽窄各不相同。如水貂阿留申病和巴氏杆菌病分别是由阿留申病毒和巴氏杆菌所引起的,水貂阿留申病毒只能感染水貂,而巴氏杆菌则几乎能感染所有哺乳动物。②具有传染性。病原微生物能通过直接接触(舔、咬、交配等)、间接接触(空气、饮水、饲料、土壤、精液等)、物品媒介(畜舍用具和手术器械)、活体媒介(节肢动物、啮齿动物、飞禽、人类等)等途径从受感染的动物传染给健康动物,引起疾病。③分别侵害水貂全身系统和器官,并表现出特有的病理变化和临床症状。④感染后多能产生免疫生物学反应(免疫性和变态反应),借助于对免疫生物学反应的检测可进行传染病的诊断、治疗和预防。

2. **营养代谢病** 是营养性疾病和代谢障碍性疾病的总称,营养性疾病指由于某种营养物质摄入量不足或者过多引起机体出现异常症状;代谢障碍性疾病是指机体代谢过程异常导致机体内环境紊乱所引起的疾病。有些营养代谢病具有典型的临床症状,可以进行初步诊断。如钙、磷代谢障碍主要表现跛行和骨骼变形;锌缺乏常发生皮肤角化不全和鳞屑;维生素 A 缺乏的早期表现是夜盲;铁缺乏易发生贫血。

3. **普通病** 指水貂的消化、呼吸、泌尿、神经、心血管、内分泌、皮肤、肌肉、骨骼等系统发生病变及水貂中毒、遗传、免疫、产科等疾病。其表现多种多样:外伤、四肢病、眼病等;妊娠期疾病(流产、死胎等),分娩期疾病(难产),产后期疾病(胎衣不下、子宫内膜炎)以及乳房疾病、新生仔貂疾病等。

第二节　水貂疾病诊断方法

及时、准确的疾病诊断可避免重大经济损失。水貂疾病诊断通常包括流行病学调查、临床症状观察、病理组织学诊断、微生物及免疫学诊断等。由于不同疾病来源于不同的致病因素,因此上述诊断方法有时需综合应用,有时仅需其中一种或几种方法确诊。

一、流行病学诊断

主要调查以下内容:

①病貂最初发病时间、地点、发病季节、蔓延区域等,发病水貂数量、年龄、性别以及感染率、发病率、死亡率等。

②饲料、水源和饲养管理卫生情况。

③水貂输出地区和附近地区疫情情况。

④本地过去类似疾病史、防治及疫苗注射情况。

⑤病貂临床症状、防治、死后剖检情况。

⑥病貂与环境、其他动物的关系。

二、临床检查

包括一般检查、整体检查及病貂血、尿、粪等的实验室常规化验。有些疾病具有特征性的症状，可很快作出诊断。但许多传染病在临床上表现类似，容易混淆。因此在进行临床诊断时，常采用类症鉴别的方法。就是把症状相似的疾病，比较它们的共有症状及不同表现，进行鉴别诊断。

一般检查主要包括问诊、视诊、触诊、叩诊、听诊、嗅诊。

（一）问　诊

1. 病例登记　了解患病水貂的个体特征，询问畜主姓名、单位及联系方式；水貂品种、年龄、毛色、用途和体重等。

2. 主诉　畜主对水貂患病情况的描述。

3. 现病史　指水貂现在所患疾病的全部经过，即疾病的可能原因及发生、发展、诊断和治疗的过程。

4. 日常管理　水貂的饲养管理情况，繁殖和配种方式及配种制度；植被、土壤和饮水等周围环境及舍外大气候，周围近期有无新引进的动物，新引进的水貂是否带来新的疫病。

5. 既往病史　了解患病水貂以前的情况以及对药物、食物和其他接触物的过敏史以及家族病史等，调查水貂生活地区的主要传染病、寄生虫病和其他疾病。

（二）视诊　是用肉眼直接观察患病水貂的整体状况或局部变化，发现病变的部位、性状及大小的临床检查方法。

1. 整体状态　观察水貂体格大小、发育程度、营养状况及体質的強弱等。

2. 精神状态　健康水貂活泼好动,两眼炯炯有神;当检查者用声音刺激(如击掌、叫喊)时,立即表现出竖耳或耳壳转动。患病水貂表现双眼无神或半睁半闭,嗜睡喜卧,对声音或光刺激反应迟钝,甚至没有反应。精神异常的另一种表现是兴奋不安、无目的走动、冲撞、转圈、乱咬东西或出现反常的攻击行为。

3. 体表变化　检查皮毛、皮肤和黏膜的颜色及特征,体表的创伤、溃疡及肿物等病变的大小、位置、形状及特点,有无疥癣、外寄生虫感染等。

4. 体腔变化　检查水貂与外界相通的体腔,如口腔、鼻腔、咽喉和阴道等。注意观察黏膜的颜色及完整性情况,并确定其分泌物、渗出物的数量、性质及其混有物。

5. 生理活动　注意水貂的生理活动是否正常。

(三) 触诊　人工捕捉水貂后才能对水貂进行触诊。在水貂发病期,捕捉将增加其紧张度,使病势加剧,因此要求具有丰富临床经验的工作者快速而准确地掌握触诊要点。具体检查的项目包括:体表状态,皮肤的湿度、温度、弹性、是否肿胀。全身皮温增高,见于水貂发热、中暑等疾病;皮温降低,四肢发凉,为水貂休克和濒死期的征兆。检查器官和组织,感知其生理性和病理性的状态。感知腹壁及腹腔内组织器官的形态。检查动物组织器官的敏感性。

(四) 叩诊　用手指或借助器械对动物体表的某一部位进行叩击,以引起其振动并发出声响,借助声响特性来帮助判断水貂体内器官和组织的生理状况。叩诊被广泛应用于心、肝、脾、肺、胃肠等的胸腔和腹腔器官的检查。

(五) 听诊　借助听诊器或直接用耳朵听取机体内脏器活动过程中发出的自然或病理性声音。根据声音的性质特点,判断其有无病理改变。水貂的嘶鸣、呻吟、喘息、咳嗽、喷嚏、肠音等声音可直接听到。听诊主要用于检查心血管系统、呼吸系统、消化系统、胎心音和胎动音等。

（六）嗅诊　用嗅觉发现水貂呼出的气体、排泄物及病理性分泌物的异常气味与疾病之间的关系。异常气味大多来自皮肤、黏膜、呼吸道、胃肠道、泌尿生殖道、呕吐物、排泄物或脓液等。

三、病理学诊断

疾病通常有其特有的病理变化，所以病理剖检对水貂疾病的诊断、治疗和预防有着特殊的意义。在缺乏实验室诊断的情况下，临床现场主要通过临床症状和尸体剖检进行初步诊断。尸体解剖检查首先要保证水貂尸体新鲜，最好死后立即剖检，如放置过久，特别是在夏季，尸体就会发生腐败，影响其真实病变。解剖时还应选择合适的地点，防止污染，解剖后要采取深埋、焚烧、消毒等彻底处理方法，防止传染病扩散。

剖检时，要做好纪录，如貂的种类、编号、性别、年龄、死亡时间、临床诊断、剖检时间以及各个器官的病理变化等。

剖检的顺序是：

（一）尸体整体状况检查　检查尸体营养状况，消瘦提示病貂患有慢性疾病；营养良好，肥度适中多见于急性病；口腔、鼻孔、肛门等天然孔出血，可怀疑炭疽病；皮肤发炎，增厚，有结节，提示犬瘟热；因窒息死亡的水貂肌肉呈暗红色，肌肉变性，呈苍白色，无光泽；因败血型传染病或中毒死亡的水貂，可见肌肉上有斑状或点状的淤血出血点。

（二）心脏和肺脏的检查

1. 检查心脏　先观察心外膜、冠状沟、心脏纵沟、冠状脂肪、心耳等有无出血。心肌是否弛缓，切开时观察心内膜有无出血，心室是否扩张。心肌表现为煮肉色，提示某些传染病或中毒病。

2. 检查肺脏　首先注意胸腔液的数量、性质、色泽、气味，胸膜有无粘连,注意肺脏的颜色、出血性质及程度,表面有无结节,切开气管和支气管,看其表面有无炎症。如有胸水,多是心脏或肾脏功能发生问题。可将肺切开,用病变部分做漂浮试验。患气肿的肺漂于水面,正常的肺半沉入水中;患水肿的肺或淤血的肺在水下或沉入水中;患肺炎的肺或无气肿的肺沉入水底。

(三)腹腔检查　将腹腔打开,若腹腔内有积水,多因慢性肾炎、黄脂肪和钩端螺旋体病引起;化学药物中毒,常嗅到一些特殊气味;腹腔内有出血是中毒和传染病的表现;腹腔内有粪渣多是胃肠破裂。腹腔内下列脏器也要逐一检查:

1. 脾脏　观察其大小、颜色,有无出血、梗死、坏死及结节。一般细菌性传染病水貂脾脏增大 2~3 倍或更大。

2. 肝脏　检查有无肿胀、出血、结节、坏死,颜色是否正常。肝脏疾病常使肝脏黄染;急性传染病和中毒性疾病导致水貂肝脏柔软,肿大,实质脆弱,切面外翻不平整,肝小叶模糊不清。

3. 肾脏　注意色泽、质度、大小,表面有无出血,注意肾脏被膜的紧张和剥离程度,如水貂肾脏表面凹凸不平,呈淡黄色,多是慢性阿留申病。

4. 胃肠　注意胃黏膜是否完整,有无出血,黏膜有无肿胀,内容物的数量、气味,有无寄生虫、异物等;检查肠道应先注意其外观的病变,肠系膜淋巴结的大小、色泽、出血等变化,再切开肠管,注意肠黏膜有无出血、肿胀、肠壁的厚度,内容物的色泽、性状。肠道传染病如副伤寒、大肠杆菌病、病毒性肠炎等可使胃肠黏膜出血、肠壁变薄。

5. 膀胱　重点观察其充盈度、尿液颜色、尿液蓄积情况、黏膜有无出血。尿结石可发现水貂膀胱内有米粒或豆粒大的结石颗粒。

(四)其他检查　临床上神经症状较明显的病貂,应打开颅腔,检查脑膜有无充血、淤血或出血,脑室内有无积水。

(五)病料送检及注意事项 水貂的很多疾病在临床上都难以确诊,因此,最后确诊需要进行实验室诊断。正确采集、保存及送检病料可保证实验室结果的可靠性。如果病貂发病时,畜主能及时和科研院所联系,让专业人员自己采样可进一步提高实验室结果的准确性。但有时受条件所限,当水貂发生传染病时,用抗生素治疗无效或作用不明显时,应立即采集病料送检进行实验室诊断。

1. **可直接送完整的尸体** 如果是短途送检,将已死亡或处于濒死期的水貂装到放有冰块的纸箱中,封严送检,时间不要超过12 小时;若为长途送检,必须对新死亡的尸体预冻,然后装在保温箱中,再冰镇后送检。

2. **采集病料送检** 必须在水貂死后立即采集或解剖濒死期水貂采集病料,使用的剪子、镊子及手术刀等必须经消毒处理。盛病料的器具可用灭菌的三角烧瓶或一次性方便袋。

(1)实质性脏器 如心脏、肺脏、脾脏、肝脏、肾脏、淋巴结等最好采集整个脏器。

(2)肠管 选择病变明显的一段肠管两端用线绳结扎后,放容器中送检。

(3)流产胎儿 将整个胎儿放塑料袋中送检。

(4)血液 静脉或趾爪采血 2~3 毫升,用试管收集全血,加塞盖严后送检。

(5)脑组织 开颅后取出大脑和小脑,纵切两半,分别放入50%甘油生理盐水和 10%戊二醛溶液内,检验微生物和病理组织结构和超微结构。

(6)皮肤 用锋利的外科刀刮取病变部位皮肤组织,放容器中送检。

用于细菌学检查的脏器病料一般要求保存在 30%甘油生理盐水中;用于病毒检查的病料应保存在 50%甘油生理盐水中;用于病理组织结构和超微结构检查的病料应保存在 10%戊二醛溶

液中。但是很多养殖户没有条件达到上述要求。因此,通常要求其将采集的新鲜病料放于容器或一次性方便袋中,封严后将其放入有足量冰块的保温瓶或保温箱中,立即送检。如时间不超过 24 小时,一般对检验结果无影响。

送检多个水貂病料时,同类脏器应分别放入单独的容器或方便袋,并标号,以免混淆。以甘油生理盐水或戊二醛溶液保存的病料常温下送检即可。死亡时间过长或腐败变质的病料对诊断毫无意义。

送检人员必须十分了解水貂的整个发病情况或有详细的记录,最好是现场技术人员亲自送检,能提供水貂发病过程的全部信息,有助于实验室诊断工作者有目的地进行检验,快速得到诊断结果。

四、微生物学诊断

病理组织学诊断不能得到明确结论时,应将病料送到有能力进行检测的科研院所进行检测,进行微生物学诊断。主要包括以下方法:

(一)显微镜检查 主要检查细菌、寄生虫引起的疾病,但对大多数疾病来说,仅作为参考依据。

(二)分离培养 从待检的病料中分离病原体,检查病原体的形态学特征、培养特性、生化特性等,并结合镜检、血清学检查及动物试验等诊断方法进行病原体鉴定。

(三)动物试验 根据病原体对敏感实验动物的致病性、临床症状、组织病理变化等作出诊断。动物接种试验应按微生物分离鉴定的要求进行取材。用灭菌生理盐水或灭菌蒸馏水制成 1:10 悬液,然后选择适当的途径接种于易感动物如小白鼠、家兔、豚鼠等,必要时也可采用同种动物。检查病毒时,可在每毫升病料悬液加入青霉素、链霉素各 500～1 000 单位,置冰箱中作用 1～4 小时,以抑制病料中的杂菌,然后接种易感动物。也可将病料悬液经细菌滤器滤过取其滤液接种。接种后的动物应隔离饲养,与对照组比较,仔细观察临床症状。实验动物死亡或经过一定时间后扑杀,应立即进行病理学检查、镜检和分离培养检查。

五、免疫学诊断

免疫学诊断是特异快速的实验室诊断技术,常用的方法有凝集试验、沉淀试验、补体结合试验、荧光抗体试验、琼脂扩散及变态反应试验,随着分子生物学技术的发展,基因诊断技术也逐渐用于毛皮动物疾病的诊断。

第三节　水貂疾病综合防治措施

水貂对疾病的抵抗能力较强,只要饲养合理,管理得当,卫生条件好,水貂就很少发生疾病。但由于貂群迅速扩大,饲养管理跟不上,致使水貂疾病多发。貂场应该遵照"预防为主,防重于治"的原则,加强饲养管理,严格执行兽医卫生监督制度,切实做好水貂的检疫和免疫预防接种工作,采取消毒、杀虫、灭鼠等常规性的方法来预防水貂疾病的发生。

一、检疫隔离

检疫隔离就是在引进种貂时要进行检疫,发现病貂及时隔离。严禁从发生传染病的貂场引进种貂。对新引进的种貂,到场后应单独隔离饲养2周以上,确认健康无病时,才能进场饲养。在日常饲养中,发现病貂要立即隔离,病貂接触的工具要与健康貂的工具分开使用,以免造成疾病传播。发生传染病的貂场,应进行封锁,人员不要相互串门,饲料、食用具等都不能串换使用。

二、卫生消毒

1. **注意饮食卫生**　不从疫区购运饲料,不喂病原污染、有毒和腐败变质的饲料,不饮不干净的水。笼舍、场地要经常清扫。饲料加工场所和工具及食盆、水盒等必须清洗,保持卫生。

2. **定期消毒**　消毒应与清扫卫生结合起来进行,笼舍场地定期消毒。貂场内不准随意参观,非生产人员严禁入内。生产区门口应设有消毒槽,以便进行鞋底消毒。每年在配种前、产仔前、分窝前和取皮后进行 3 次全场预防消毒,可用 2‰氢氧化钠(即 1 千克氢氧化钠加热水 50 千克)消毒,也可用喷灯火焰消毒笼舍。饲料加工场所、绞肉机、饲料槽、食盆和水盒等应定期消毒,可用 0.1‰高锰酸钾溶液(即 1 克高锰酸钾加水 1 千克,现用现配),洗刷或浸泡消毒。食盆和水盒等小件用具也可用煮沸法消毒(即放在锅里煮或在笼里蒸,蒸煮时间为 20~30 分钟)。氢氧化钠有腐蚀性,不要用手去接触,消毒后要用清水冲洗后再使用。发生传染病时要进行突击消毒。粪便垃圾应堆积进行发酵消毒,病死貂应无害化处理后深埋。经常对饲料加工工具及饲喂用具消毒,用清水冲洗干净,然后用 5‰碳酸钠溶液浸泡 30 分钟,然后用清水洗净。死亡的动物尸体应在专用的房间内剖检,剖检后在焚尸炉内焚烧处理。剖检场地和用具每次使用后,应彻底清扫消毒,污物用柴油焚烧深埋,场地彻底消毒。

三、饲养管理

调整饲料营养,添加足够量的维生素和微量元素,并保证饲料品质,防止水貂发生营养缺乏病、寄生虫病或中毒病。禁止从疫区购买动物性饲料,应特别注意对炭疽、布鲁氏菌病、李氏杆菌病、钩端螺旋体病和犬瘟热等病原的检查,剔除有毒的、腐败的饲料,并将剩余的饲料冷藏保存,剩余饲料需要当天或隔日用完,食盆中的剩料应弃之不用。脂肪含量高的动物性饲料应检查酸度、过氧化物值、醛含量等，以防水貂发生黄脂肪病。牛、羊、猪胚胎不能生喂，以防止布鲁氏菌感染。鱼的头、骨架和内脏等用作饲料时，应高压煮熟后饲喂。植物性饲料同样需要进行兽医卫生检查和监督，剔除霉烂的饲料、杂质和异物，以防引起中毒。饮水要符合卫生标准，以免引起水貂胃肠疾病的发生。

四、免疫预防

免疫预防注射通常定期有计划地采用疫苗、类毒素等生物制剂，对水貂进行免疫接种，使水貂自身产生免疫能力。免疫后的水貂可获得数月至 1 年以上的免疫力。各养殖场根据本场水貂群往年发病情况及周围疫情，制定本年度的免疫计划。凡是发生过水貂犬瘟热、病毒性肠炎、水貂阿留申病等传染病的貂场，每年在疫病流行季节到来之前或在分窝后，进行一次预防注射。以禽、兔下脚料饲喂的貂群，或有犬瘟热流行的地区，应进行巴氏杆菌和犬瘟热疫苗预防注射。为避免运输途中或到达目的地后水貂暴发某些传染病，还可进行临时性预防接种。

1. 疫苗运输、保存时的注意事项　目前，我国水貂常用疫苗包括以下几种：犬瘟热疫苗、细小病毒性肠炎疫苗、水貂绿脓杆菌疫苗、水貂巴氏杆菌疫苗等。这些疫苗当中，有的是湿冻苗，有的是普通温度保存苗。湿冻疫苗运输时必须有保温装置，严格封闭后运输，运输过程中严禁开盖检查，夏季的运输时间不能超过 48 小时，冬季不能超过 72 小时，到达运输地点后，应立即将疫苗取出放入冷库或冰柜中贮藏，温度最好控制在 -15℃以下；普通温度保存的疫苗可在常温下运输，夏季运输时间最好不超过 15 天，如运输时环境温度在 25℃以上，最好将疫苗放在保温箱中，内加冰块，在较低温度下运输，到达运输地点后，放置于 2～10℃冰箱中保存，或包装密封好放在干燥、避光、清洁的地方保存。

2.**疫苗接种注意事项**　湿冻疫苗事先需用冷水令其快速融化,如水貂犬瘟热疫苗。注射器与针头煮沸消毒,一只水貂一个针头,注射部位最好先用2％碘酊擦拭后,再以75％酒精棉球脱碘。大群注射时,也可直接以酒精棉球消毒。注射前必须将疫苗充分摇匀,并要仔细检查疫苗瓶有无裂缝,瓶盖是否松动,性状是否有所改变。凡确定有异常的都不能使用或与厂家联系征求意见。不论是湿冻苗还是常温保存的疫苗,每瓶启用后应一次用完。注射前应详细看说明书,严格按说明操作。某些疫苗注射后水貂可能发生暂时性的微热反应及食欲减退、精神不振等,属正常反应。个别水貂(1％～2％)可能出现呕吐、肌肉震颤等过敏反应,应及时用肾上腺素或地塞米松抢救。

3.**联合疫苗和单苗优缺点**　联苗具备一针多能优点,省时省力,可减少对水貂的捕捉次数,降低应激反应。但从免疫效果看,联苗不如单苗可靠,联苗要想达到每个单苗的免疫效力比较困难,这不仅是由于制造联苗时每种单苗的浓度,而且病毒联苗还存在着较突出的抗原竞争和免疫干扰现象。机体对一种抗原(也称疫苗)的反应较强,产生抗体多,对另一种抗原的免疫反应可能就会受到某种程度的抑制。因此,从提高免疫效果的角度出发,使用单苗更可靠些。

4.**免疫失败的原因**　在我国各地饲养的水貂,虽然每年都按常规接种疫苗,但某些传染病几乎在全国范围内都有散发,分析原因如下:

①疫苗效价低,免疫后不能产生有效保护,这是疫苗生产厂家在检验时不能严格控制质量所致。

②疫苗在运输和保存过程中出现问题,如湿冻苗在运输时保温不好,或封闭不严,或在贮存温度偏高,都能造成效价降低。

③免疫剂量不足,如没有详细看说明书或记错免疫剂量,注射时急于操作,看错针管刻度或漏注。

④免疫程序不当,疫苗免疫注射过早或过晚。

⑤疫苗融化后放置时间过长,特别是湿冻的病毒疫苗,融化后必须在6小时内注射完,如在夏季,融化后长时间放置,病毒将失活,造成免疫失败。

⑥同步接种产生的后果,这主要发生在夏季,有些水貂场或养殖户对仔貂同步接种。结果早生下来的水貂已断奶超过15天以上,甚至达到25～30天,此时可能已潜伏感染。

⑦疫苗接种过早,指在仔貂断奶后15天内接种疫苗,由于母源抗体的干扰,接种疫苗后,母源抗体中和了疫苗部分抗原,其实质相当于免疫剂量不足而导致免疫失败。

五、药物预防和驱虫

药物预防是预防和控制疫病的有效措施。使用一些高效的抗菌药物可以有效地预防巴氏杆菌病、大肠杆菌病、葡萄球菌等细菌性传染病。许多国家已通过在饲料中添加药物或其他化学物质来预防某些特定传染病和寄生虫病,而且还可获得增重和增产的效果。目前,常用的药物添加剂有:杆菌肽、金霉素、红霉素、林可霉素、新霉素、新生霉素、制霉菌素、竹桃霉素、土霉素、青霉素、泰乐霉素、黄霉素、胺苯亚肿酸、卡巴肿和呋喃唑酮等。在使用药物添加剂作动物群体预防时,应严格掌握药物剂量、使用时间和方法。对于寄生虫病,一定进行定期预防性驱虫,一般在春、秋各进行1次驱虫。

六、疫情处理

1. 隔离　当水貂发生疫病时,应立即将患病水貂和可疑水貂(指无临床症状但与患病水貂或其污染的环境有过明显接触的水貂)隔离饲养,以清除传染源,切断传播途径。对于临床症状明显的水貂应在彻底消毒情况下移入隔离区,由专人饲养,严加护理和治疗。对于可疑水貂,应在消毒后隔离观察。若1~2周后无发病,可解除隔离。对于假定健康群,应与前两者分开饲养,同时立即进行紧急接种。

2. **封锁** 当暴发传染病时,除严格隔离患病水貂外,还应划分封锁区域。采取"早、快、严、小"的原则,应在疾病流行早期进行封锁,行动要果断迅速,封锁要严密,范围不宜过大。在封锁区边缘设立明显标志,禁止易感动物通过封锁线。在必要的交通口设立检疫消毒站,对必需进出的车辆、人和非易感动物进行消毒。在封锁区内做好以下工作:病水貂进行治疗、扑杀等处理;彻底消毒污染的饲料、场地、笼舍、用具及粪便等;病死的尸体应深埋、焚烧;禁止从疫区输出动物和物品;对疫区和受威胁区内易感动物及时预防接种,建立防疫带;在最后一只病水貂痊愈、急宰和扑杀后,经过一定封锁期,再无疫病发生时,经全面的终末消毒后解除封锁。

3. **消毒** 目的是消灭被传染源散布于外界环境中的病原体,以切断传染途径,阻止疫病继续蔓延,是综合性防疫措施中的重要一环。

(1)**化学消毒** 貂场通常使用下列常用化学消毒剂,地面消毒主要采用生石灰(加水配成10%~20%石灰乳喷洒),持续时间长,效果可靠。场地临时消毒也可使用3%~5%苯酚(石炭酸)、5%~10%煤酚;饮食器具消毒选用0.1%高锰酸钾;产箱消毒选用2%~4%氢氧化钠或1%~2%碳酸钠;貂笼消毒选用百毒杀喷雾效果较好。貂场饲养人员及器具消毒选用0.1%新洁尔灭;貂外伤感染处理常使用3%过氧化氢(又名双氧水);手术消毒如剖宫产等常使用0.1%新洁尔灭,75%酒精,2%碘酊;阴道炎和子宫内膜炎冲洗时常用0.1%高锰酸钾,0.05%新洁尔灭。

(2)**物理消毒** 更衣室采用紫外灯照射消毒,垫草放强光下晾晒。食盒、饮具、饲养人员的衣服、手套等都可使用煮沸的方法消毒。用酒精、汽油喷灯或煤气火焰对笼舍进行消毒,尸体应焚烧消毒。粪便经常清扫,貂舍应经常通风。

4.紧急接种 是指为了迅速扑灭疫病的流行而对尚未发病的水貂群进行的临时性免疫接种。是在已确定感染病原的基础上用疫苗进行特异免疫,机体产生特异抗体后,即能清除和中和病原,一般水貂接种疫苗后 5~7 天即能产生抗体,其体内抗体浓度逐渐上升,当其抗体水平达到一定高度时,即可形成免疫保护。通常在紧急接种 10~15 天后,新病例不再出现。灭活疫苗不仅能保护健康水貂,对患病水貂也有一定程度的保护。弱毒活疫苗则仅能对健康水貂保护,对有症状水貂或已带毒未出现症状的潜伏期感染水貂,则促进症状加重或出现症状,这是活疫苗紧急接种时必然出现的结果,属于正常反应。但总体上还是保护了大多数健康水貂。水貂发生犬瘟热或病毒性肠炎时,用化学药物无法控制,必须进行紧急接种,否则流行幅度将逐渐上升,最后将出现无法控制的局面。

5.治疗 对病貂应及时治疗,使其迅速恢复健康,防止疫情扩散。常用的给药方法有以下几种:

(1)内服 凡是能吃食的病貂都可内服投药,将药物研成粉末,拌入饲料中。不能吃食的病貂,将药以蜂蜜调成糊状,送入口内。

(2)皮下注射 注射部位以大腿内侧或背部为宜。先用酒精消毒,然后提起皮肤,即可注射,多用于注射量大的药液,如葡萄糖液。

(3)肌内注射 注射部位为臀部或后腿内侧肌肉丰满处,注射前需酒精消毒,如青霉素、维生素注射液、黄连素等均可采用此法。

(4)直肠灌入 将药物直接通过肛门送入直肠内,营养药、泻药和麻醉药常采用此种方法给药。

第四节　水貂细菌性传染病

一、巴氏杆菌病

本病是由多杀性巴氏杆菌而引起的细菌性、出血性和败血性传染病。临床上急性病例以出血症和败血性炎症为主要特征,慢性病例以皮下结缔组织、关节及各脏器发生化脓性病症为主要特征。本病发生一般无明显的季节性,但以冷热交替、气候剧变、闷热、潮湿、多雨的时期发病较多。水貂对多杀性巴氏杆菌比较敏感,多呈地方性暴发流行,多为群发,病死率很高。

【病　因】　巴氏杆菌为条件性致病菌,当通风不良、阴雨连绵、营养缺乏、饲料突变、过度疲劳、长途运输、寄生虫病等发生时,可使水貂抵抗力降低,病菌乘机侵入体内,经淋巴液而进入血液,发生感染。

巴氏杆菌污染饲料、饮水、用具和外界环境,而使健康水貂感染;本病主要由咳嗽、喷嚏排出病原菌,通过飞沫经呼吸道感染健康水貂;吸血昆虫叮咬患病水貂皮肤黏膜的外伤部位,然后叮咬健康水貂可使其感染本病。水貂采食感染多杀性巴氏杆菌的畜、禽和兔等肉类以及肉联厂的副产品,尤其是兔和禽类副产品也可引起多杀性巴氏杆菌感染。鸡、鸭、鹅、犬、猪等也可感染多杀性巴氏杆菌,且这些动物之间可相互传染,貂场内养殖这些动物可造成水貂感染多杀性巴氏杆菌。貂场进出人员没有执行消毒程序,而致使外来的多杀性巴氏杆菌进入貂场,引起水貂感染。

【临床症状】　本病是常见的多发性、条件性传染病。水貂发病初期症状不典型,出血性败血症很少发生。幼仔发病率和死亡率很高。临床上常见的有超急性型、亚急性型、慢性型、肺型和肠型。

1. **超急性型**　水貂巴氏杆菌病多为超急性经过,大群水貂突然出现死亡,或者呈现神经症状,病貂癫痫式抽搐尖叫,虚脱出汗,致使机体衰竭而死。

2. **亚急性型**　病貂发病症状类似感冒,体温升高至 40～41.5℃,鼻镜干燥,食欲减退或废绝,饮欲增高,不愿活动。

3. **慢性型**　病貂精神不振,食欲减退或废绝、呕吐,常卧于小室内,不活动。被毛无光泽、鼻镜干燥、消瘦、腹泻、肛门附近沾有少量稀便或黏液。如不及时治疗,3～5 天或更长时间即死亡。

4. **肺型**　病貂呼吸频率增加,心跳加快,口中呕吐鲜血或鼻孔喷出泡沫样液体或血液,并呈现头颈水肿、眼球突出等症状。病程一般为 48～72 小时。

5. **肠型**　病貂常卧于小室内,被毛无光泽,不活动,食欲不佳或拒食,呕吐。体温升高,鼻镜干燥,眼球塌陷。出现腹泻,且稀便中混有血液,肛门附近沾有少量稀便或黏液。如不及时治疗,通常在昏迷或痉挛中死去。

【**病理变化**】　超急性型典型病变为脾边缘钝圆,肿大,折叠困难,表面有点状出血;肝脏边缘钝圆,充血、淤血,切开肝脏可流出多量褐红色血液。肾皮质充血、出血,肾包膜有出血点。肠系膜淋巴结肿大。

亚急性死亡的病貂,其病理变化比较明显。头、颈部皮下水肿,轻度黄染。末梢血管充盈,浅表淋巴结肿大。胸腔有少量淡黄红色黏稠的渗出液;心肌弛缓,心包膜和心内外膜有出血点,乳头肌呈条状出血,膈肌充血、出血。脾肿大,边缘钝圆,折叠困难;肝脏充血、淤血、肿大,切开可流出多量褐红色血液,质脆。病貂表现黄染时,肝脏呈土黄色;肾脏充血、出血,皮质、髓质界线不清,肾包膜有出血点;大网膜、肠系膜充血、出血;肠系膜淋巴结和甲状腺肿大。

急性肺炎型病例剖检可见气管中黏液增多,有大量的泡沫样液体。肺脏充血、出血、水肿，有时可见红色肝变区，以及小叶间结缔组织由于浆液浸润而增宽。肺脏表面和胸膜上覆盖一层纤维素性蛋白膜。心内、外膜有出血点，尤以心耳最严重。浆膜腔(胸腔、腹腔、心包囊)有大量淡黄色的渗出液。

【诊　断】　根据流行病学特点、临床症状和病理变化可做出初步诊断，由于其症状与副伤寒、犬瘟热、伪狂犬病(阿氏病)、钩端螺旋体等传染病的症状相似，因此需进行鉴别诊断，进一步确诊需进行实验室检查。

细菌学检查：本菌存在于病貂全身各组织器官，体液、分泌物及排泄物里。只有少数慢性病例，仅存在于肺脏的小病灶里。健康水貂的上呼吸道，也可能携带该菌。用瑞氏、姬姆萨法、美蓝染色镜检，菌体多呈卵圆形，为两端着色深、中央着色浅(两极浓染)的小杆菌。用培养物做的细菌涂片，两极着色不明显。细菌培养阳性，动物试验有毒力，方可确诊为巴氏杆菌病。

【治疗与预防】　临床实践中多采取全群预防治疗，即对可疑貂群，每天用大剂量的青霉素20万～40万单位肌内注射，每天3次；或用拜有利(德国进口)肌内注射，每日1次，每次注射0.1～0.2毫升；也可用环丙沙星注射液，2.5～5毫克/千克，肌内注射，每日3次。此外，大群水貂发病可以注射恩诺沙星、诺氟沙星(氟哌酸)、土霉素、喹乙醇(此药有蓄积作用，注意毒性)、复方新诺明、增效磺胺等，剂量和使用方法按药品说明书。也可以注射巴氏杆菌高免血清，但由于这些血清都是异种蛋白，易产生过敏现象，所以在大群注射之前，要做小群试验。

预防主要是改善饲养管理，去除可疑饲料及污染物，隔离病貂，食具煮沸消毒。加强饲养场的卫生防疫工作，改善饲养管理。兔、犊牛、仔猪、羔羊和禽类的下脚料，要高温无害化处理后再饲喂水貂。阴雨连绵，秋冬季节交替气温多变时期，要加强管理食具、产箱的卫生和垫草的补给。水貂不宜和其他畜禽混养在一个场里,以免相互传染疾病造成经济损失。定期注射巴氏杆菌疫苗(毛皮动物专用),能起到预防本病的效果。但到目前为止,国内外生产的巴氏杆菌疫苗免疫期均比较短,所以1年要多次接种。

二、大肠杆菌病

本病是由大肠杆菌引起的细菌性传染病,临床上以严重腹泻和败血症为主要特征。断奶前后的幼貂和1月龄的水貂对大肠杆菌最易感,成年水貂及老年水貂很少发病。本病的流行有一定的季节性,北方多见于8～10月份,南方多见于6～9月份,多呈暴发流行。

【病　因】　夏季水貂主要饲喂冷冻饲料,可引起大肠杆菌病。冲洗饲料的剩水,由于其富含蛋白质,常被用来饲喂水貂,但易导致蚊蝇大量滋生,造成貂场大肠杆菌病的流行并污染环境。饲养管理混乱、卫生环境不好及母貂泌乳不足等,也可导致本病流行。

【临床症状】　本病发病急,多呈急性经过。病貂精神沉郁,呆立一旁,呼吸迫促,食欲废绝。鼻镜干燥,被毛粗乱无光,体温升高达41℃以上。病貂腹泻,初期粪便为灰白色并带有黏液和泡沫,或呈水样便,以后便中带血,呈煤焦油样,伴发呕吐。后期水貂弓腰蜷腹,消瘦、虚弱,有的出现角弓反张、抽搐、痉挛及后肢麻痹等神经症状。急性病例常于2～3天内死亡,慢性病例常于5～6天死亡。

【病理变化】　被毛粗乱无光,机体消瘦,肛门周围被稀血便污染。心肌呈淡红色,心内膜有点状或带状出血。肺脏表面有大量的出血点,腹水增多,呈橘红色并有恶臭味。肝脏肿大,质脆,表面有出血点。脾脏肿大。肾脏充血、质软。胃黏膜有出血点或出血斑,胃肠内充满棕色黏液,胃肠呈卡他性或出血性炎症变化,尤以大肠明显,肠壁菲薄,黏膜脱落,肠内充满气体,肠内容物混有血液。全身淋巴结均肿大,肠系膜淋巴结严重肿大;淋巴结外观呈黑紫色,切面多汁。

【诊　断】　根据流行病学特点、临床症状和病理变化可作出初步诊断,进一步确诊需进行实验室检查。

【治疗与预防】　治疗本病可将菌丝霉素 4 000～10 000 单位,溶解于 0.5％奴夫卡因溶液或高免血清中进行注射;内服氯霉素每次 0.1～0.2 克,每天 2 次;同时皮下注射 20％葡萄糖 10 毫升,或复合维生素 B 生理盐水注射液 20～40 毫升,分多点皮下注射。全群水貂用新华肠道速安(主要成分为培氟沙星等)按说明书混料,连用 3～4 天。对病水貂肌内注射宝树绝妙(主要成分为环丙沙星等药物),0.2 毫升/千克,每天 2 次,连用 3 天;同时肌内注射止泻灵(主要成分为穿心莲等),0.2 毫升/千克,每天 2 次,连用 3天。配合中药治疗效果更为理想。方剂:白头翁 10 克,黄连 10克,秦皮 12 克,生山药 30 克,山萸肉 12 克,诃子肉 10 克,茯苓 10克,白术 15 克,白芍 10 克,干姜 5 克,甘草 6 克。用法:煎汤 300毫升,每只水貂灌服 3 毫升,每日 1 次,连用 3 天。饲料内增加多种维生素。

预防应加强饲养管理,认真搞好环境卫生,特别是仔貂的生活环境,经常检查及时除掉蓄积在小室内的饲料,以防仔貂采食后患胃肠炎。仔貂断奶后,要饲喂优质的肉类饲料,稠度要稀一点,适当加一些抗生素类的药物,控制本病的发生。发病季节,可给每只水貂口服(混到饲料中)氯霉素 0.1～0.2 克,每日 1 次,连用 5 天,进行预防。在饲料中加入苹果,对预防大肠杆菌病作用明显。

三、沙门氏菌病

本病是由沙门氏菌引起的细菌性传染病。临床上以发热、腹泻、败血症及母貂流产为特征。本病流行有明显的季节性,一般发生在 6～8 月份,常呈地方性流行,具有较高的病死率,一般可达40％～65％。主要侵害 1～2 月龄的水貂,成年水貂对本病有一定的抵抗力。

【病　因】　在自然条件下,水貂对本菌抵抗力较强,污染沙门氏菌的饲料是主要传染源。在自然条件下,水貂可经消化道感染沙门氏菌病,也可通过直接接触和子宫内感染。饲养管理不当、气候突变、感冒、饲料变质、防疫制度不严等都能促进本病的发生和发展。另外,幼龄水貂换牙期、断奶期,饲料质量不好,机体抵抗力下降也可成为发生本病的诱因。

【临床症状】　水貂大群拒食,剩食。发病水貂精神委顿,被毛粗乱无光,消瘦。呈腹式呼吸,流泪,体温升高,喜卧于小室内,呕吐,并伴有粥状或水状腹泻,有的混有血液。发病后期,常后肢拖地而行,呈现不完全麻痹,最后衰竭死亡。本病自然感染潜伏期为3～20天,平均为14天;人工感染,潜伏期为2～5天。

本病在临床上大致可分为急性、亚急性和慢性3种。

1. 急性　病貂拒食,先兴奋,后沉郁。大多数病貂躺卧于小室内,走动时背弓起,在笼内缓慢移动。体温升高到41～42℃,整个发病期内呈现波动性变化,只有在死亡前不久体温才下降。发生腹泻、呕吐,在昏迷状态下死亡。一般经5～10小时或延至2～3天死亡。

2. 亚急性　病貂被毛蓬乱无光,精神沉郁,眼睛下陷无神,呼吸频数,食欲丧失。病貂主要表现胃肠功能高度紊乱,体温升高到40～41℃。有时出现化脓性结膜炎。少数病例有黏液性化脓性鼻漏或咳嗽。病貂很快消瘦、腹泻,个别有呕吐。粪便变为液体状或水样,混有大量胶体状黏液,个别混有血液。四肢软弱无力,特别是后肢不全麻痹。在高度衰竭情况下,7～14天死亡。

3. 慢性　病貂被毛蓬乱、黏结、无光泽。卧于小室内,很少运动。消化功能紊乱,食欲减退,腹泻、粪便混有黏液,进行性消瘦。贫血,眼球塌陷,有的出现化脓性结膜炎。走动时步履不稳,行动缓慢,在高度衰竭的情况下,经3～4周死亡。在配种和妊娠期流行本病时,可造成大批水貂空怀或流产,空怀率达 14%～20%。仔貂 10 日龄以内病死率高达 20%～22%。多数病貂在妊娠中后期发生流产。

哺乳期仔貂患病时,表现虚弱,不活动,吮乳无力,在窝内呈散乱状态,叫声嘶哑无力,发育滞后。病程为 2～3 天,个别的病程长达 7 天,多数以死亡告终。

【病理变化】 病貂血液凝固不良,实质器官颜色变淡,膀胱积尿,黏膜、皮下脂肪、浆膜见轻微黄疸。肝、脾、肾肿大、黄染、质脆,切面多汁,特别是脾脏显著肿大 3～8 倍。胃肠空虚,胃肠黏膜均有不同程度的肿胀、出血或坏死。妊娠期死亡母貂子宫肿大,内膜覆有纤维素性污秽物。

【诊 断】 根据流行病学特点、临床症状及病理变化,可作出初步诊断,进一步确诊需进行实验室检查。

细菌学检查:从死亡水貂的脏器和血液中分离细菌进行培养及生物学检查。用无菌方法采血,接种于 3～4 支琼脂斜面或肉汤培养基内,在 37～38℃ 温箱中培养,经 6～8 小时有该菌生长,将其培养物和已知沙门氏菌阳性血清做凝集反应,即可确诊。

【治疗与预防】 本病治疗原则为抗炎、解热、镇痛。一般用氯霉素、新霉素和左旋霉素等抗生素治疗。为保持心脏功能,可皮下注射 20% 樟脑油,也可以用泰诺康注射液、拜有利注射液。镇痛解热可用安痛定注射液,为了保持体内电解质平衡,防止脱水,有条件的可以静脉补液 5% 葡萄糖生理盐水。

预防应加强饲养管理,及时更换饲料、饮水,不使用患沙门氏菌病的畜禽肉及被污染的饲料饲喂水貂,对笼箱、小室、食具等经常消毒。加强母貂妊娠期、哺乳期和仔貂断奶期的饲养管理,提高其抗病能力。在本病高发季节 6～8 月份,饲料中应加入适量抗生素或磺胺类药物进行预防。

四、魏氏梭菌病

本病(肠毒血症)是由水貂感染魏氏梭菌而引起的急性细菌性传染病,临床上以气性坏疽和出血性肠炎为特征。幼貂对其较敏感,该病流行初期,个别散发流行。

【病　因】　水貂采食本菌污染的肉类饲料或饮水而感染。本菌主要经消化道感染,病原菌随粪便排出体外,毒力不断增强,使传染不断扩散,1~2个月或更短的时间内,可使全群水貂发病。双层笼饲养或一笼多只饲养,以及卫生条件不好,能加快本菌的传播。

【临床症状】　潜伏期12~24小时,流行初期一般无任何临床症状而突然死亡。病貂食欲减退或废绝,很少活动,久卧于小室内,步态蹒跚,呕吐。粪便为液状,呈绿色并混有血液。常发生肢体不全麻痹或全麻痹。头部震颤,呈昏迷状态,病死率约90%。

【病理变化】　皮下组织水肿,胸腔内混有血样渗出液,膈和胸膜有出血点或出血斑。甲状腺增大,有点状出血。肝脏肿大,呈黄褐色或土黄色。胃肠黏膜肿胀充血、出血,幽门部有小溃疡灶,黏膜下有出血;肠系膜淋巴结增大,切面多汁,有出血点;肠内容物呈暗褐色,混有黏液或血液。

【诊　断】　根据流行病学特点、临床症状和病理变化可初步诊断,进一步确诊需进行实验室检查。

细菌学检查:采集新鲜病料接种于肝片肉汤培养基中,细菌迅速生长,在5~8小时即浑浊,并产生大量气体,气体穿过干酪蛋白凝块,使之呈多空样海绵状,这种现象称为"暴烈发酵",可应用于本病的快速诊断。

【治疗与预防】　由于水貂野性比较强,患病不易发现,体小灵活不好保定,所以治疗比较困难,效果也不理想。一般采用抗生素、磺胺和喹诺酮类药物肌内注射或预防性投药。新霉素按每千克体重 10 毫克投于饲料中饲喂,早晚各 1 次,连用 4～5 天。肌内注射庆大霉素 1～2 毫升或甲硝唑 4～5 毫升。为了促进食欲,每天还可肌内注射维生素 B₁ 或复合维生素 B 注射液和维生素 C 注射液各 1～2 毫升,重症可皮下或腹腔补液。注射 5%葡萄糖盐水 10～20 毫升,背侧皮下多点注射;也可腹腔一次注入(注意液体不能太凉)。

预防本病主要是避免饲喂水貂腐败变质饲料。发生本病时,应将病貂和可疑病貂隔离饲养和治疗。病貂污染的笼舍,可用 1%～2%氢氧化钠溶液或火焰消毒;粪便和污物堆放指定地点进行生物热发酵。地面用新鲜的 10%～20%漂白粉溶液喷洒后,挖去表土,换上新土。

五、李氏杆菌病

本病是由李氏杆菌引起的急性细菌性传染病,临床上以败血症伴有心内膜炎、心肌炎、脑膜脑炎和单核细胞增多为特征。本病多发于春季和夏季。

【病　因】　本病感染范围很广,畜、禽、啮齿类(鼠、兔)和野生经济动物等都能感染,健康水貂与其接触可导致感染。在貂场中,本病的主要传染源是病貂,健康水貂接触病貂的粪尿、乳汁、流产胎儿、子宫分泌物、精液和眼鼻分泌物均可感染。病貂接触李氏杆菌污染的饲料和饮水,以及直接饲喂带有李氏杆菌的畜禽肉类饲料(副产品)等都能使水貂感染发病。维生素缺乏、寄生虫病和其他致使机体抵抗力下降的不良因素都可诱发本病。

【临床症状】　发病幼龄水貂食欲减退或拒食,沉郁与兴奋交替出现。兴奋时呈现后躯摇摆、后肢不全麻痹等共济失调症状。咀嚼肌、颈部及枕部肌肉震颤,呈痉挛性收缩,颈部弯曲,有时向前伸展,转向一侧或仰头。部分病貂出现转圈运动。当病貂采食饲料时出现咬肌、舌肌麻痹,从口中流出黏稠的液体,常出现结膜炎、角膜炎、腹泻和呕吐。粪便中可发现淡灰色黏液血液。成年水貂除有上述症状外、还伴有咳嗽、呼吸困难，呈腹式呼吸。仔貂病程从出现症状起7～28天死亡。妊娠水貂患李氏杆菌病，表现突然拒食，躲于小室内，共济失调，运动障碍，后肢不全麻痹，病程6～10小时死亡。

【病理变化】　病貂心外膜有出血点，肝脏脂肪变性（脂肪性营养不良）呈土黄色或暗黄红色，被膜下有出血点和出血斑。脾脏增大3～5倍，有出血点和出血斑。肠黏膜卡他性炎症。脑软化，水肿。

【诊　断】　根据流行病学特点、临床症状和病理变化可作出初步诊断，进一步确诊需进行细菌学检查。

本菌为需氧及兼性厌氧菌，在普通培养基上能生长，在肝汤琼脂上生长良好，呈圆形、光滑平坦、黏稠透明的菌落，折光观察，呈乳白色。于血液琼脂上，呈β型溶血。在肉汤内微浑浊，形成灰黄色颗粒沉淀。

【治疗与预防】　本病目前尚无特效疗法。各种抗生素均有一定的治疗效果，尤其早期大剂量使用疗效更显著。用氯霉素配合青霉素或链霉素，治疗效果较好。链霉素，每只5万～10万单位，肌内注射，每日2～3次。青霉素，10万～20万单位，肌内注射，每日2～3次。新霉素，每只1万单位，混于饲料中喂下，每日3次，可取得较好的效果。庆大霉素，每只25万单位，肌内注射，每日2次。也可应用磺胺二甲基嘧啶和长效磺胺，每只0.1～0.2克，内服，每日3次。在应用抗生素或磺胺类药物治疗的同时，也要注意对症治疗。强心、补液，可注射复合维生素B或维生素B_1注射液，每次1～2毫升。镇静，可肌内注射盐酸氯丙嗪，每只0.2～0.5毫升，每日2次。

本病属于条件性传染病，病原经常存在于土壤中，所以平时要加强卫生防疫，经常消毒，搞好环境卫生，灭鼠。特别是阴雨连绵的季节要加强防疫,饲料要加强管理。

六、出血性肺炎

本病又称水貂假单胞菌病,是由绿脓杆菌引起的水貂的一种急性败血性传染病,临床上以出血性肺炎和肺水肿为特征。该病没有明显的季节性,呈地方性流行。病菌侵入后,任何季节都能引起暴发。

【病　因】　幼龄水貂对假单胞菌易感,发病率高达90%以上,老龄貂发病率低。健康水貂接触绿脓杆菌污染的水源、环境、肉类饲料以及病貂的粪便、尿、分泌物可感染本病。携带绿脓杆菌的尘埃和绒毛经口腔和鼻感染健康水貂。东北地区9～10月份,南方10～11月份,气温多变,冷热不均,尤其是低温潮湿,使机体抵抗力下降,诱发绿脓杆菌的感染。秋季水貂脱毛时,由于未经处理,致使水貂的毛在场内四处飞扬,当毛上黏附绿脓杆菌时,可污染饲料和饮水,而使健康水貂发病。

【临床症状】　本病经常急性发作,常无症状死亡。病貂出现腹式呼吸,并伴有异常的尖叫声。食欲废绝,体温升高,鼻镜干燥,行动迟钝,流泪、流鼻液。眼部分泌物增多,爪子肿大,常呈地方性流行。病貂咯血或鼻出血,鼻孔周围有血液附着,发病后1～2天很快死亡。自然感染时,潜伏期19～48小时,最长的4～5天。

【病理变化】　胸腔积液,胸膜有纤维素性渗出物。出血性肺炎,肺充血、出血和水肿,外观呈暗红色,切面流出大量血样液体,严重的呈大理石样变,肺门淋巴结肿大出血。心肌弛缓,冠状动脉沟有出血点。胸腺(幼龄水貂)布满大小不等的出血点,呈暗红色。脾肿大,胃和小肠前段内有血样内容物,黏膜充血、出血。

【诊　断】　根据流行病学特点、临床症状和病理变化,可作出初步诊断,进一步确诊需进行细菌学检查。

本菌对氧气要求不严格,在普通培养基上可生长。在肉汤培养基上,于37℃、pH值7.2条件下经2～3天,形成大量沉淀,在上层,初期呈绿色,后期变成淡褐色的薄膜。在琼脂平板上,形成光滑、微突起、边缘整齐或呈波状的大菌落,初期透明,后变成浅灰色或淡褐色,并产生蓝绿色色素和黄绿色荧光素。当培养基内添加2%～3%甘油或甘露醇,以及流动的液体培养时,最易形成色素。

利用肝、肾、脾、脑和骨髓等实质器官进行细菌学培养,经24～48小时,在肉汤培养基表面形成绿色后变成淡褐色的薄膜。在琼脂平板上,长出边缘整齐的波状大菌落。上面染成青绿色,并发出特殊的芳香气味。接种小白鼠、家兔、豚鼠后,常在24小时内死亡。

此外,凝集试验、酶联免疫吸附试验(ELISA)等免疫学方法,也可用于本病诊断。

【治疗与预防】　由于绿脓杆菌对不同的抗生素药物的敏感性不一致,所以联合应用几种抗生素或其他抗菌药时,治疗效果较好。将多黏菌素、新霉素、庆大霉素、卡那霉素等各1 000～1 500单位,或多黏菌素2 000单位和0.2克/千克磺胺噻唑,混饲,能取得较好效果。

加强饲养管理,提高机体的抵抗力,保持干燥、良好的卫生状况,是预防本病的重要措施。经常清洗给貂供水的水塔,并在水中按10克/米³加入百毒净,10分钟后饮用。进行免疫接种也可较好预防本病,在疫区分离到的地方株,制备甲醛灭活菌苗做预防接种。我国已研制出一种脂多糖菌苗,效果很好,可做预防或应急接种用。

七、嗜水气单胞菌病

本病又称水貂出血性败血症,是由嗜水气单胞菌引起的一种人兽共患传染病,临床上以出血性败血症及血痢为特征。水貂对此菌有较高的易感性,发病率为 66％左右,致死率为 97％。断奶后的仔貂比成年水貂易感,故青年水貂发病率高于成年貂。本病一年四季都可发生,但多见于夏秋两季。

【病　因】　嗜水气单胞菌是水中栖息菌,寄生在鱼类体表,当水貂采食发病鱼或带菌鱼就会感染本病。健康水貂饮用被嗜水气单胞菌污染的水源也会感染本病。水貂采食含有未经无害处理的(煮沸)鱼类的饲料和水,极易引起本病暴发流行。饲养管理不好,卫生条件差,动物瘦弱,可促进本病的发生。

【临床症状】　本病发病急,病程短,常呈地方性流行。急性病例突然发病,精神萎靡,体温高达 40℃以上,食欲减退或废绝,并表现抽搐和惊叫,有的迅速死亡。亚急性病例主要表现呼吸困难,食欲不振,拒食,精神萎靡,眼睛发炎潮红,流涎、腹泻,最后痉挛昏迷而死。约有 20％的病貂呈现后肢麻痹。本病主要由消化道感染。人工感染潜伏期为 3～4 天,自然感染病貂,潜伏期与饲料的污染程度和水貂体况有关,通常 3～5 天。

【病理变化】　皮下组织水肿,呈胶样浸润。气管和支气管内有淡红色泡沫样液体,气管黏膜充血出血,有出血点。喉水肿。肺脏有大小不等的出血点或出血斑,有的病例肺小叶呈肉囊状、水肿,有的病例呈肉样变化。肝脏边缘钝圆,呈土黄色,质脆,被膜上有出血点,胆汁稀少色淡。脾肿大,髓质软化如泥,偶见坏死灶,有散在的出血点。肾脏呈灰白色,有出血点。肠系膜淋巴结肿大,有出血点,切面多汁。个别病例胃黏膜脱落,肠黏膜有散在的出血点。脑膜和脑实质有出血点。

【诊　断】　根据流行病学特点、临床症状和病理变化可以初步诊断,进一步确诊需进行细菌学检查。

镜检:剖开胸、腹腔,无菌采集心、肝、脾、肺等病料进行涂片,干燥固定,进行革兰氏染色,镜检,可以看到革兰氏阴性小杆菌。

细菌分离培养:无菌采集心、肝、脾、肾、淋巴结等组织,分别接种于普通琼脂、绵羊血琼脂和麦康凯氏琼脂培养基中,分别放于37℃、10℃、20℃、10％二氧化碳厌氧条件下培养,可见到典型菌落(圆形,边缘光滑、中央凸起,肉色、灰白色或略带淡桃红色光泽)。

【治疗与预防】　早期应用链霉素、氯霉素、庆大霉素、四环素、卡那霉素、呋喃妥因及呋喃唑酮(痢特灵),能收到良好的效果,同时也要配合一些辅助疗法。调节食欲可以饲喂病貂一些适口性强的新鲜肉蛋类;防止出血可注射止血剂;促进食欲,加强代谢能力,可肌内注射复合维生素 B 注射液和维生素 C 等注射液。

预防应加强貂场卫生防疫工作,管理好水源,禁用河水、池塘水饲喂水貂和洗刷饲养用具(如食盆、水槽等)。饲喂鱼类饲料(海杂鱼、淡水鱼)时,严禁生喂,要彻底冲洗后,经蒸煮无害化处理后再饲喂水貂。水貂尽量饮用自来水或地下水。冷藏饲料的库房(冷库或者冷藏冰箱)要定期消毒。发现该菌要立即更换饲料成分,除去可疑饲料,并在饲料中加喂抗生素药物,食具要煮沸消毒。

八、克雷伯氏菌病

本病是由肺炎克雷伯氏菌和臭鼻克雷伯氏菌引起的细菌性传染病,临床上以脓肿、蜂窝织炎、麻痹和脓毒败血症为特征。常呈地方性暴发流行,亦有散发。

【病　因】　克雷伯氏菌对水貂有较强的致病性和传染性。健康水貂接触感染克雷伯氏菌病的水貂的粪便和被克雷伯氏菌污染的水和饲料(肉联厂的下脚料,如乳房、脾脏、子宫等)时,都可感染本病。

【临床症状】

1. 脓疱型　病貂表现精神沉郁,食欲减退,周身出现小脓肿,特别是颈部、肩部出现许多小脓疱,破溃后流出黏稠的白色或淡蓝色的脓汁。大多数形成瘘管,局部淋巴结形成脓肿。

2. 蜂窝织炎型　病貂多在喉部出现蜂窝织炎,并向颈下蔓延,可达肩部,化脓、肿大。

3. **麻痹型** 病貂食欲不佳或废绝,后肢麻痹、步态不稳,多数病貂出现此症状后 2～3 天即死亡。如果局部出现脓疱,则病程更短。

4. **急性败血型** 病貂突然发病,食欲急剧下降或废绝,精神高度沉郁,呼吸困难,出现症状后很快死亡。

【病理变化】

1. **脓疱型** 体表有脓疱,破溃流出黏稠的灰黄白色的脓汁,特别是颌下或颈部淋巴结易出现这种情况。脑实质软化、水肿。心外膜有出血点。脾肿大 3～5 倍,有出血点。肝脏变性,呈土黄色(脂肪性营养不良),被膜下有点状或斑状出血。

2. **蜂窝织炎型** 在颈部或躯体其他部位发生蜂窝织炎时,局部肌肉呈灰褐色或暗红色。肺脏有小脓肿。肝脏明显肿大,质硬而脆弱,充血、淤血,切面外翻,有多量凝固不全、暗褐红色的血液流出,被膜紧张,有出血点。胆囊增厚,有针尖大小的黄白色病灶。脾肿大 3～5 倍,充血、淤血,呈暗紫红色,被膜紧张,边缘钝圆,切面外翻,擦过量增多。肾上腺肿大。

3. **麻痹型** 除上述器官变化外,还伴有膀胱充满黄红色尿液,黏膜增厚;脾肿大;肾肿大。

4. **急性败血型** 病貂营养状态良好,死前有明显呼吸困难,呈现化脓性或纤维素性肺炎和心内、外膜炎,胸腺有出血斑。脾肿大。肾有出血点或充血性梗死。

【诊　断】 根据流行病学特点、临床症状和病理变化可初步诊断,此病应注意和链球菌病、结核菌引起的脓肿进行鉴别诊断。进一步确诊需进行细菌学检查。

细菌学检查:在普通琼脂培养基上形成乳白色、湿润、闪光、半透明黏液状正圆形菌落,若继续培养,有的菌落相互融合在一起,呈无结构的黏液状,以接种环钩取则呈丝状。本菌能发酵葡萄糖、乳糖和麦芽糖,产酸、产气,MR 试验和 VP 试验阳性,且能水解尿素,不产生硫化氢,一般不产生靛基质,不液化明胶。

【治疗与预防】　发病时应将健康水貂和病貂及疑似病例及时隔离。用庆大霉素、卡那霉素、氯霉素、环丙沙星、恩诺沙星和磺胺类药物进行治疗。如果体表发生脓肿,可切开排脓,用双氧水冲洗创腔,撒布消炎粉或其他抑菌药物,每只肌内注射 10 毫克庆大霉素,同时口服环丙沙星,每天每只 10 毫克(成年貂),连用 5～7 天。

预防应加强饲料的卫生管理,垫草禁用带刺和有芒的草类,以免发生外伤感染,小室(产箱)要经常打扫消毒,保持干燥。

九、丹 毒 病

本病是由水貂感染红斑丹毒杆菌而引起的细菌性传染病,临床上以急性败血症、严重呼吸困难及迅速死亡为特征。本病一年四季均可发生,但夏季多发,病貂不分年龄和性别都可发生本病,多散发。

【病　因】　水貂对红斑丹毒杆菌较易感,接触发病和带菌动物可感染本病。本病主要经消化道感染,水貂采食被污染的饲料和饮水等而引发本病。土壤、环境等被红斑丹毒杆菌污染后,水貂损伤的皮肤接触病原菌而被感染。吸血昆虫,如蚊、蝇、虱、蜱等叮咬也可引起本病的传播。

【临床症状】　病貂多呈急性经过,表现为精神沉郁、萎靡不振、食欲减退或废绝。体温高达 42℃,高热稽留,呼吸困难,呼吸频数。口腔、鼻腔、结膜等黏膜发绀,鼻镜干燥,鼻腔和眼角有黏性分泌物。后肢关节肿大,行走困难,有的呈瘫痪状态。趾掌部水肿,排粪排尿失禁。常于发病后 2～8 小时死亡。有的病貂皮肤出现类似亚急性猪丹毒的不规则的炎性肿块。

【病理变化】　全身以急性败血症变化为特征,肺充血,水肿;心包积水,心肌发炎,心内膜有点状出血;脾脏淤血肿大,呈樱桃红色;胃肠充血、出血;肾肿大,贫血,表面有大小不等的出血点;淋巴结肿大,充血,切面多汁。

【诊　断】　根据临床症状和病理剖检变化,并结合细菌学检查可确诊。

细菌学检查:取新鲜的心血、脾、肾或淋巴结等病料涂片,染色镜检,可见革兰氏阳性、细长的、成对或成丝状的杆菌。

【治疗与预防】　病貂可用血清及抗生素治疗,抗丹毒血清3～5毫升皮下注射,24小时后重复注射1次,发病初期应用效果很好。青霉素,1万单位/千克体重,肌内注射,每日2～3次。拜有利注射液,每千克体重0.05毫升,肌内注射,每天1次。为促进食欲,可注射复合维生素B注射液1～2毫升。

污染的动物性饲料禁止饲喂水貂,鱼类饲料饲喂之前应严格检查。使用屠宰下脚料时一定要高温处理后熟喂,而且要严格管理,生熟分开。养貂场要尽量远离猪、鼠、鸽和兔等动物,避免健康水貂被带菌动物传染。对笼具要用消毒药定期消毒。可尝试接种猪丹毒活菌苗和氢氧化铝甲醛菌苗,每只皮下注射1毫升。

十、双球菌病

本病又称双球菌败血症,是由双球菌引起的一种急性细菌性传染病,临床上以脓毒败血症为特征,并伴有内脏器官炎症和体腔积液,发病率及病死率很高。流行没有季节性,成年水貂多发于妊娠期,幼龄水貂常呈暴发流行。

【病　因】　水貂不分品种、年龄、性别均可感染。健康水貂接触带菌的水貂和病貂的肉、奶而感染本病。本菌可通过多种途径进行传播,例如消化道、胎盘、呼吸道等。貂场饲养管理不当,卫生条件不好,饲料不全价以及寒冷等诸多因素都会诱发本病的发生。

【临床症状】　本病的潜伏期2～6天。新生仔貂发病时常无特征性临床症状而突然死亡。日龄较大的仔貂表现精神沉郁,拒食,步态摇摆,前肢屈曲,弓背,呻吟,躺卧不起,摇头,呼吸困难,呈腹式呼吸,从鼻和口腔内流出带血的分泌物,有的腹泻。妊娠水貂易发生流产、空怀。

【病理变化】 胸腔、心包及腹腔内有化脓性渗出物。气管、支气管内有出血性、纤维素性和黏液性渗出物,肺充血肿大。脾脏微肿大。肝肿大,表面有黄黏土色条纹。淋巴结肿大充血。

【诊　断】 根据流行病学特点、临床症状和病理变化可初步诊断,进一步确诊需进行细菌学检查。采集肝、心、淋巴结及各种渗出物涂片染色,镜检,可见革兰氏阳性、成对排列的双球菌。

【治疗与预防】 病貂可用抗牛犊或羔羊双球菌病高免血清治疗,每只貂皮下注射 3～5 毫升,每日 1 次,连用 2～3 天,同时配合抗生素及磺胺类药物进行治疗。还应加强对症治疗,强心、缓解呼吸困难,肌内注射樟脑磺酸钠,每只 0.3～0.4 毫升,为促进食欲每天肌内注射维生素 B_1 注射液、维生素 C 等,每天每只各注射 1～1.5 毫升。

加强貂群的饲养管理,清除不良因素,提高机体的抵抗力。饲料要全价,断奶分窝要及时调整饲料组成和稠度。增加鲜饲料和维生素类的补给,严禁饲喂病畜的肉和奶。在饲料内添加一定量的金霉素、新霉素或多黏菌素,可预防本病。

十一、炭 疽 病

本病是由炭疽杆菌引起的一种急性、热性、败血性、人兽共患传染病,临床上以突然发病,高热,黏膜发绀,天然孔出血,脾脏肿大,皮下和浆膜下结缔组织浆液性、出血性浸润为特征。本病没有季节性,一年四季均可发生,但夏季多见,特别是洪水泛滥以后易流行。

【病　因】 在自然条件下,水貂对炭疽杆菌易感。吸血昆虫和野鸟可携带本菌而传播炭疽病。水貂采食被炭疽杆菌污染的肉类饲料,可导致短期内大批发病,在 2～3 天出现死亡高峰,之后死亡曲线下降。发生炭疽病后,如未采取扑灭措施,病菌可长期存在于貂场,致使健康水貂发病。

【临床症状】 水貂病程为 20～30 分钟到 2～3 小时,呈急性经过。病貂体温升高,咳嗽,呼吸频数,步态蹒跚,饮欲增加,拒食,抽搐,血尿,腹泻,粪便内混有血块和气泡,常从鼻孔和肛门里流出血样泡沫,一般转归死亡。

【病理变化】 疑似炭疽病死亡的水貂严禁解剖,在特殊情况下需要解剖时,应在严密控制下进行。特征性病理变化是:血液凝固不全,呈酱油样,尸体迅速腐败而膨胀,天然孔流血,皮下及浆膜下出血性胶样浸润,脾肿大,软化如泥,全身淋巴结肿大。

【诊　断】 根据流行病学特点、临床症状和病理变化,可作出初步诊断,进一步确诊需进行血清学和细菌学检查。

由于本病属高度危险性传染病,采取病料时要严格按规定程序采集样品。急性死亡病貂的新鲜病料中,炭疽杆菌具有特征性的菌体形态和荚膜,对于本病的确诊和鉴别诊断有重要的意义。取尸体末梢(耳或肢体)血管血液涂片、固定后,用荚膜染色法染色,若涂片中见有短链,两端呈竹节状带有荚膜的大杆菌时,即可确诊。采取病料后局部伤口应以碘酊或升汞棉球堵塞并包扎,或烧烙,以防污染周围环境。

【治疗与预防】 目前无特效疗法。可应用抗炭疽血清进行特异性治疗,成年水貂 3～5 毫升,幼龄水貂 1～3 毫升,皮下注射。也可用青霉素治疗,肌内注射,每次 15 万～20 万单位,每日 3 次。

建立卫生防疫制度,严禁采购、饲喂原因不明或自然死亡的动物肉类产品。疫区每年应注射炭疽疫苗,用法和用量可按疫苗使用说明书使用。对可疑病貂进行隔离治疗,死后不得剖检和取皮,一律焚烧或深埋。被病貂污染的笼舍应进行火焰消毒。也可用 20％漂白粉溶液,或 5％硫酸苯酚合剂消毒。地面用漂白粉消毒后,铲除 10 厘米的厚土层。被污染的垫草和破损的低值易耗品应烧掉。饲养人员应严格遵守防护制度,以防感染。

十二、结核病

本病是由结核分枝杆菌引起的人兽共患传染病,临床上以内脏器官干酪样坏死结节或钙化灶为特征。本病一般呈地方流行,没有季节性,一年四季都可发生。水貂发病多见于夏秋两季。

【病　因】　幼龄水貂对牛型和禽型结核杆菌最为易感。绿眼浅褐色、白色水貂和纯阿留申基因型的水貂比较易感。水貂采食污染结核菌的肉类饲料和乳品可感染本病。健康水貂接触患病水貂的痰液、粪尿、乳汁和分泌物而感染本病。本病主要通过呼吸道和消化道传染,其他途径如外伤、子宫内也可感染。水貂食入未经无害化处理患结核病的牛、羊肉和内脏等副产品,易感染本病。饲养水貂的笼子比较小和密集饲养,粪便堆积不及时清除,卫生条件不好,饲料质量比较低劣,不全价等都可诱发本病。

【临床症状】　水貂结核病的潜伏期为 1~2 周,病程一般为 40~70 天。病貂被毛无光泽,局部被毛黏结,创面污秽不洁。病貂不愿活动,呼吸频数,进行性消瘦,食欲减退,易疲乏嗜睡,鼻镜湿润程度变化无常。当侵害肺部时,表现干咳,严重者出现呼吸困难。有的病貂鼻、眼有浆液性分泌物,咽后淋巴结受侵害时肿大,易滑动,如榛子大,触之常有波动感,破溃后流出黏稠液体。病貂打喷嚏和响鼻,有的出现化脓性鼻漏,鼻镜上形成淡黄色的痂皮。

【病理变化】　病貂尸僵完整,消瘦,可视黏膜苍白。颌下及耳周围淋巴结增大,有时破溃流脓。多见颈浅淋巴结和肠系膜淋巴结脓肿。病菌侵害气管和支气管时,形成空洞。胸腔积有渗出液,纵隔淋巴结肿大,切面干酪样。在肺表面或组织深处,有肉眼可见的豌豆大或黄豆大的散在钙化或未钙化结核结节,切之有浓稠凝块和灰黄色脓样物。在腹壁浆膜上常见有结核结节。肾包膜下见有粟粒至黄豆粒大灰黄色结节。慢性病例肾萎缩,结节位于深层。在肾盂附近,结核病灶破溃,其内容物进入肾盂内。肠管黏膜上偶有散在扁豆粒大的溃疡,呈灰白色。大网膜上,也偶见散在干酪样结节。在子宫腔内或子宫角内,常发现圆形结核病灶,带有脓样内容物。卵巢内发现有干酪样坏死灶。

【诊　断】　根据流行病学特点、临床症状和病理变化可作出初步诊断,进一步确诊需进行细菌学检查。

在水貂耳内侧皮下接种牛型结核菌素,常用于水貂结核病的生前诊断。接种剂量为 0.1~0.5 毫升,于接种 24 小时、48 小时、72 小时和 96 小时观察。阳性反应接种耳部皮肤明显肿胀充血,有时坏死;轻度肿胀为可疑;阴性无上述变化。阴性和可疑者,于72 小时后在同一部位用同样剂量再接种 1 次,接种后 24 小时按上述标准判定。需要强调的是,疾病的后期处于衰竭状态的动物,对结核菌素反应弱或无反应。

【治疗与预防】　可应用抗结核药物－异烟肼(INH)、链霉素(SM)、利福平(RFP)等进行治疗。一般水貂没有治疗价值,发现病貂和可疑病貂应尽快隔离饲养,维持到取皮期,进行淘汰取皮。预防主要是加强兽医卫生防疫,杜绝可能带入结核菌的各种途径。

十三、布鲁氏菌病

本病是由布鲁氏菌引起的人兽共患传染病,临床上以流产、关节变形和睾丸炎为特征。本病呈散发流行,成年水貂感染率较高,幼龄水貂发病率较低。

【病　因】　水貂对布鲁氏菌较易感。可通过采食布鲁氏菌污染的饲料而感染。生喂牛、羊内脏、下脚料及乳制品等可引起本菌感染。健康水貂接触流产母貂排出的恶露分泌物和胎儿也可感染本病。布鲁氏菌病除经消化道和接触传染外,通过病貂的精液也可以传染。

【临床症状】　母貂主要表现流产,体温升高,产弱仔,食欲下降,个别的出现化脓性结膜炎,空怀率高。公貂表现配种能力下降等。

【病理变化】　妊娠中后期死亡的母貂,子宫内膜有炎症,或有糜烂的胎儿,外阴部有恶露附着,淋巴结和脾脏肿大,其他器官充血、淤血,公貂表现睾丸炎。

【诊　断】　根据流行病学特点、临床症状和病理变化可初步作出诊断,应注意与副伤寒和阿留申病进行鉴别诊断。进一步确诊需进行细菌学和血清学检查。常用虎红平板实验来诊断本病。但是无法区分免疫接种与自然感染所产生的抗体反应。近年来我国研制成功的布鲁氏菌单克隆抗体所做的斑点酶联免疫吸附试验可区别这2种抗体,可用于布鲁氏菌病的诊断。

【治疗与预防】　本病目前还没有成功的治疗方法。对病貂可应用抗生素类药物进行治疗;如没有治疗价值,隔离饲养到取皮期,淘汰打皮。二甲胺四环素,12.5毫克/千克体重,口服,2次/天,14~21天,然后停用3周。盐酸四环素,10~20毫克/千克体重,口服,3次/天,持续3周,然后停用3周。恩诺沙星,10~15毫克/千克体重,口服,2次/天,持续3周,然后停用3周。

预防应加强肉类饲料的管理,对可疑的牛、羊肉类及下脚料要高温处理后方可饲喂,特别是用羔羊一类的肉类产品作饲料时一定要注意安全。布鲁氏菌病威胁的养貂场可以用猪型2号菌苗预防接种,具体请参考疫苗说明书。

十四、伪结核病

本病是由伪结核杆菌引起的慢性消耗性传染病,临床上以肠道、淋巴结和内脏器官出现干酪样坏死结节为特征。本病常散发,没有明显的季节性。

【病　因】　幼龄水貂对伪结核杆菌较易感。健康水貂食入或饮入伪结核杆菌污染的饲料和饮水,患病水貂的粪便、尿液和分泌物均可感染本病,采食患伪结核菌病家畜的肉和副产品同样也会引起本病。饲养场管理不善、貂舍卫生条件差、饲料中营养不全或缺乏维生素、感冒、患寄生虫病时,都会使动物体抵抗力降低,促进本病的传播。

【临床症状】 水貂感染本病时,被毛蓬乱、无光,不愿活动,迅速消瘦,食欲减退或废绝,很快死亡。有的无前驱症状,突然死亡。成年水貂多为慢性经过,食欲不振,消瘦、腹泻,出现黄疸症状。

【病理变化】 肺部有不同程度的出血,部分肺小叶发生气肿。肝、脾、肾、淋巴结等器官存在肉眼可见的粟粒状结节,小肠、盲肠黏膜有大量粟粒至豌豆大的淡黄色结节,病程长者更为明显和严重。肠系膜淋巴结及鼠蹊部淋巴结肿大,切面有白色坏死灶。

【诊　断】 根据流行病学特点、临床症状和病理变化可作出初步诊断,进一步确诊需进行实验室检查。

取肠系膜淋巴结或病灶脓汁涂片染色,镜检为革兰氏染色阴性,多形性小杆菌,并且抗酸染色阴性,则可初步确诊为本病。

【治疗与预防】 对病貂采用链霉素、氯霉素、四环素等抗生素类进行治疗。隔离病貂,妥善处理污染物,加强卫生和消毒,防止水貂出现外伤和咬伤。维持到取皮期,淘汰取皮。

十五、链球菌病

本病是由水貂感染链球菌而引起的败血型传染病。临床上以各种化脓性感染和败血症为特征。无明显的季节性,多散发。

【病　因】 5～6周龄水貂易感。健康水貂接触链球菌污染的饲料和饮水而发病。健康水貂采食感染链球菌的肉类饲料、病畜肉、下脚料和接触患病动物可感染本病。本病一般经消化道、呼吸道及各种外伤而感染。

【临床症状】 最急性病例见不到任何症状而突然死亡。病程短的仅为半小时至 2 小时。急性病例的病貂表现突然拒食,精神沉郁,不愿活动,步态蹒跚,呼吸急促而浅表,流鼻液,眼内有脓性分泌物,后期出现共济失调,肌肉麻痹,尿失禁,排血便,一般出现症状后 24 小时内死亡。亚急性的病貂病程在 1 天以上,经治疗多数能痊愈。

【病理变化】　最急性和急性经过的水貂营养状态良好,体表、胸腹部及四肢内侧皮肤呈蓝紫色,血凝不良呈煤焦油状。脑膜血管充血。食管黏膜充血。心肌柔软,呈暗红色,内有血凝块。肺充血水肿,有的呈点状或弥漫性出血斑。肝脏肿大,质地脆弱,表面呈弥漫性黄褐色,切面呈红黄色;脾脏肿大 3～5 倍,呈紫红色,有小米粒大的灰白色化脓灶;肾脏充血肿大,色泽呈灰褐色,有针尖大小出血点;胃黏膜呈卡他性炎症;肠内有黑褐色血样物质,肠系膜淋巴结肿胀,有针尖大小的出血点。妊娠母貂子宫弥漫性充血、出血,胎儿水肿、全身淤血,均为死胎。幼貂可见膀胱黏膜有出血性化脓性炎症。

【诊　断】　根据流行病学特点、临床症状和病理变化可初步诊断,进一步确诊需进行细菌学检查。

直接涂片镜检:用病死貂的肝、脾及淋巴结直接涂片,革兰氏染色镜检,可见有单个、成对排列或呈链状排列的革兰氏阳性球菌。

细菌培养:用病死貂肝、脾、淋巴结分别接种于普通营养琼脂和绵羊血琼脂平板,于 37℃培养 24 小时,绵羊血琼脂平板上见有细小、半透明、光滑明亮、圆形、边缘整齐,有溶血环呈露珠状的菌落。而在普通琼脂上细菌不生长。将培养物涂片,革兰氏染色镜检,可见到大量的多以 5～8 个长链状排列的革兰氏阳性球菌。

【治疗与预防】　青霉素、磺胺类药物对治疗本病有良好的效果。病貂每只每次肌内注射 10 万～20 万单位青霉素,每日 3 次,或用 0.05 毫升/千克拜有利注射液,每日肌内注射 1 次。为促进食欲,每天注射复合维生素 B 注射液或维生素 B_1 注射液 0.5～1.0 毫升。大群水貂治疗可以采取预防性投药,在饲料中加入预防量的土霉素粉、诺氟沙星等药物和增效磺胺。及时隔离病貂,对笼舍、食具进行消毒,清除小室内垫草,烧毁或进行生物热发酵。

预防应加强对饲料的管理,防蝇、防鼠,对来源不清或污染的饲料要经高温处理(煮沸)后再喂。有化脓性病变的动物内脏或肉类应废弃。不用来自污染地区的垫草。有芒或有硬刺的垫草也最好不用,以免发生刺伤,增加感染机会。

十六、仔貂脓疱病

仔貂脓疱病是幼龄水貂感染黏膜双球菌、化脓性链球菌、金黄色葡萄球菌等细菌而引起的皮肤传染病。临床上以出现脓疱为特征。4 日龄以上的水貂一般能痊愈,1～2 日龄的仔貂病死率高,如不治疗 100％死亡。

【病　因】　2～5 日龄的哺乳水貂对本病易感,彩色幼龄水貂更易感,特别是蓝宝石水貂多发。哺乳母貂患有化脓性扁桃体炎而带有葡萄球菌和化脓性链球菌,通过拖拽和梳饰,将病原菌直接传播给仔貂而导致发病。

【临床症状】　仔貂患病后,精神萎靡不振,不吮乳,蜷缩,呆立一旁并发出尖叫声。体温升高,营养不良,生长停滞,很快消瘦,全身肌肉震颤。母貂经常叼咬和舐的幼龄水貂皮肤部位上出现小米粒大、突出的圆形小脓疱,逐渐融合变大,发生破溃,流出黄绿色的脓汁,干涸后形成痂。有的严重时患部出现红色炎性反应带或呈暗紫色坏死灶。

【诊　断】　根据流行病学特点、临床症状可作出初步诊断,进一步确诊需进行细菌学检查。

【治疗与预防】　用针头刺破脓疱排出脓汁,用 0.1％高锰酸钾水清洗创腔,再涂以 5％水杨酸酒精溶液(70％酒精)拭净,涂布少许青霉素粉,送回原窝或代养。用金霉素或土霉素 5 万单位、复合维生素 B(注射用)1 毫升、5‰葡萄糖溶液 20 毫升,混合后给仔貂经口滴入,每天 3 次。还可用青霉素或新霉素 500～1 000国际单位,在炎症病灶皮下分点注射。在治疗仔貂的同时,必须对母貂用同样的药物进行治疗,方能获得满意的效果。

预防本病要注意哺乳母貂的健康状况,发现水貂口腔、扁桃体出现化脓性炎症必须及时治疗,并禁止其叼咬仔貂。要及时治疗患有化脓创和脓肿的仔貂,并进行淘汰,不能留作种用。加强对产箱内卫生的管理,垫草不要太硬和带芒刺。

第五节　水貂病毒性传染病

一、犬瘟热

犬瘟热是由水貂感染犬瘟热病毒引起的急性、热性、传染性极强的高度接触性传染病,临床上以出现神经损伤和腹泻为特征。该病没有明显的季节性,一年四季都可发生。

【病　因】　断奶前后幼貂和育成貂接触带毒水貂和黄鼬(俗称黄鼠狼)可导致感染貂瘟热。发生犬瘟热的水貂饲养场,多数是健康水貂接触被病犬或病貂污染的工具和垫草以及其他物品而被感染。水貂接触带毒动物的眼、鼻分泌物、唾液、尿液、粪便等而传染,也可通过飞沫、空气,经呼吸传染,还可以通过黏膜、阴道分泌物传染。病貂患病经过和轻重程度,取决于饲养管理水平、机体抵抗力、病毒数量和毒力及防疫措施等方面。

【临床症状】　水貂犬瘟热由于传染源的动物种属不同,其传染速度亦不一样。貂源性传染经 3～4 周即可引起广泛传染,症状典型,病死率高。狐源性传染则需经过 2～4 个月,待毒力逐渐增强后才能造成广泛传播。病貂初期似感冒样,两眼有泪,鼻孔有少量水样鼻液。根据临床表现和经过,可分为 4 个类型。

1. **最急性型**　也叫神经型,常发生于流行病的初期和后期,病貂看不到前驱症状而突然发病,表现癫痫性发作、咬笼网、发出刺耳的吱吱叫声、抽搐等神经症状,口吐白沫,反复发作,最终死亡。此型主要损伤神经系统,由此引起的脑部病变不能恢复,最终导致死亡。出现神经症状的病貂多数转归死亡。

2. **急性型**　即卡他型。病貂不愿活动,喜卧于小室内(产箱)。被毛杂乱,无光泽,毛丛中有谷糠样皮屑,颈部或腹内侧鼠蹊部皮肤有黄褐色分泌物或皮疹,散发出一种特殊的腥臭味。食欲减退或废绝,鼻镜干燥,随着病程的进展,眼部出现浆液性、黏液性乃至化脓性眼眵,附着在内眼角或整个眼裂周围,重者将眼睛糊上。口裂和鼻部皮肤增厚,粘着糠麸样或豆腐渣样的干燥物。病初似感冒样,流泪,流水样鼻液,体温高达 40～41℃,触诊脚掌皮肤温热,肛门或母貂外生殖器似发情样微肿。消化紊乱,腹泻初期排出蛋清样粪便,后期粪便呈黄褐色或黑色煤焦油样。病程 3～10 天或更长一点,多数转归死亡,很少幸免。

3. **慢性型**　又称皮疹型。一般病程为 2～4 周,病貂虽有急性经过的症状,但眼、耳、口、鼻、脚爪等部位及颈部皮肤病变比较明显。食欲减退,时好时坏,挑食,不活动,多卧于小室内。眼边干燥,似戴眼镜圈样,或上下眼睑被眼眵粘着在一起,看不到眼球,时而睁开,时而又粘在一起,这样反复交替出现,有的病貂反复 1～2 次后死亡。有的病貂耳边皮肤干燥无毛,鼻镜和上下唇、口角边缘皮肤有干痂物。病初爪趾间皮肤潮红,而后出现微小的湿疹,皮肤增厚肿胀,变硬,所以有"硬足掌症"之称。有的病貂肛门或外阴肿胀。

4. **隐性感染**　即非典型。病貂仅有轻微一过性的反应,类似感冒,多看不到明显的异常表现,就耐过自愈,并获得较强的免疫力。

【病理变化】　患病水貂眼观没有特征性变化,被毛污秽不洁,被毛丛中有谷糠样皮屑,皮肤增厚,皮肤上有小的湿疹,足掌肿大,尸体有特殊的腥臭味。眼、鼻、口肿胀,肛门、会阴部皮肤微肿,有少量黏液状或煤焦油样稀便附着。脑血管充盈,水肿或无变化。气管黏膜有少量黏液,有的肺脏有小的出血点。心扩张,心肌弛缓,心外膜下有出血点。脾脏一般不肿,继发感染可造成其肿大,慢性型病例脾萎缩。肝脏呈暗樱桃红色,充血、淤血,切之有多量凝固不全的血液流出,质脆,色黄,胆囊比较充盈。肾被膜下有小出血点,切面三界不清即浑浊。胃肠黏膜呈卡他性炎症,胃内有少量暗红褐色黏稠内容物,慢性型病例胃黏膜有边缘不整、新旧不等的溃疡灶。直肠黏膜多数带状充血、出血,肠系膜淋巴结及肠淋巴滤泡肿胀。膀胱黏膜充血,常有点状或条纹状出血。

【诊　断】　根据流行病学特点、临床症状和病理变化可作出初步诊断,进一步确诊需进行动物试验,包涵体检查和血清学检查(中和试验、酶标 SPA 染色)。

包涵体检查:犬瘟热病毒在所有易感动物器官的上皮组织,网状内皮系统,大小神经胶质细胞,中枢神经系统的神经细胞和脑室细胞、膀胱、胆囊、胆管、肾和肾盂上皮细胞内,都有嗜酸性包涵体形成,水貂检出率可达 90%。

检查膀胱黏膜上皮包涵体方法:取清洁脱脂载玻片,滴加一滴生理盐水。用外科圆刃刀刮取膀胱黏膜上皮少许,涂以载玻片上与生理盐水 1:1 混合涂片。自然干燥,或甲醇固定 3 分钟。如果涂片不能立即染色,一定要在涂完片后用甲醇固定,否则以后染色包涵体不易着色,影响检查效果。如涂片放置 1 天以上,须在染色前滴加生理盐水,浸渍 20 分钟后倒去生理盐水,再进行染色(染色方法有 2 种,苏木素伊红染色法和美蓝、碱性复红染色法)。之后于油镜下检查。如能看到上皮细胞核染成蓝色至紫色;细胞质染成淡紫丁香花色;包涵体染成鲜红色或深红色,分布于细胞质内。

包涵体大小从微细颗粒至细胞核大不等,形状也不一致,圆形、椭圆形和多边形,有整齐的边缘。

血清学试验:酶联免疫吸附试验(ELISA)是特异性比较强的诊断方法。

中和试验:利用已知抗原(犬瘟热病毒)或抗体,检查未知的抗体(被检动物血清)。一般病貂感染后6～7天血清中出现中和抗体,30～40天达到最高峰。

【鉴别诊断】 与犬瘟热病相类似的水貂的疾病有狂犬病、细小病毒性肠炎、维生素B族缺乏等进行鉴别。

1. 狂犬病 有神经症状,攻击人畜,喉头、嚼肌麻痹,在海马角中能检出尼氏小体,但没有皮疹、结膜炎和腹泻。

2. 传染性细小病毒肠炎 临床表现有两型,即肠炎型和心肌型。肠炎型有典型管套状稀便,肠黏膜除表现出血外,浆膜下也有充血出血;心肌型的主要变化为水肿,左心室肌肉变化明显。貂瘟热不具备这两型,腹泻的排出物中没有管套现象,病理组织学检查心肌纤维单核细胞浸润,间质纤维化。利用血凝和血凝抑制试验可作特异诊断。

3. 脑脊髓炎 具有与犬瘟热相同的神经症状,都有癫痫性发作。但脑脊髓炎是散发,没有流行情况,没有特殊腥臭味。

4. 副伤寒 具有明显的季节性(6～8月份),脾高度肿大,而貂瘟热不具备这个特点。

5. 巴氏杆菌病 一般突然大批发生,有典型的出血性败血症表现。涂片检查多能检出两极浓染的小杆菌,犬瘟热没有。巴氏杆菌病用青霉素或拜有利早期大剂量预防性治疗有效,犬瘟热病用抗生素治疗无效。

6. 弓形虫病 病貂食欲减退,呼吸困难,鼻孔及眼内角流黏液,腹泻带血,体温升高到41～42℃,与犬瘟热类似。但此病没有皮疹和特殊的腥臭味,膀胱黏膜刮取物没有包涵体,病原体是弓形虫。

7. 维生素B族缺乏　病貂嗜睡,不愿活动,有时出现肌肉不自主的痉挛、抽风,但没有眼、口鼻的变化,没有怪味,不发烧,用维生素B治疗有效,大群投给维生素B,病貂食欲很快好转,恢复正常。貂瘟热呈双峰热,维生素B缺乏不发烧。

【治疗与预防】　无特异性疗法,用抗生素治疗无效,只能控制继发感染。唯一的办法是早期发现,及时隔离病貂,固定饲养用具,定期消毒,尽快紧急接种犬瘟热疫苗。为了防止继发感染,应对症治疗。可用磺胺类药物,抗生素和拜有利等药物控制由于细菌引起的并发症,延缓病程,促进痊愈。眼、鼻可用青霉素水、氯霉素等眼药水点眼和滴鼻。出现胃肠炎时,可将土霉素混入饲料中饲喂水貂,每天早晚各1次,每只每天0.03克。发生肺炎时,可用青霉素、链霉素和拜有利控制,每天注射青霉素15万~20万单位,也可用拜有利注射液,每千克体重注射0.05毫升。

预防和控制本病的发生必须严格遵守防疫措施,贯彻防重于治的方针。建立健全严格的卫生防疫制度,禁止病犬和带毒动物进入貂场,严禁从疫区或发病貂场引进种貂。貂场工作人员要配备工作服,不准穿回家或带出场外。引进种貂时一定要先打疫苗,观察15天后可运回,进场回运要隔离观察7~15天,才能混入大群正常管理。搞好卫生,食盆和食碗要定期消毒,粪便要及时清除,进行生物热发酵。定期接种疫苗。

二、阿留申病

本病是由阿留申病毒引起的慢性、进行性衰竭、病毒性传染病,临床上以侵害网状内皮系统,浆细胞弥漫增生,产生多量γ-球蛋白以及持续性病毒血症为特征。

【病　因】　不同年龄和性别的水貂均可感染。健康水貂接触患病水貂而感染本病。病貂的唾液、粪便、尿及分泌物等排泄到外界环境中,污染饲料和饮水而使健康水貂感染本病。在笼养条件下,笼舍、饲料、饮水、食盆、食碗,以及饲养员的饲养用具,接种疫苗针头消毒不彻底也可造成本病的传播。本病常年发生,但在秋冬季节发病率和病死率大大增加。

【临床症状】 本病潜伏期很长,非经肠接种阿留申病毒的水貂,其血液出现 γ-球蛋白增高的时间为 21~30 天;直接接触感染时,为 60~90 天,最长达 7~9 个月,有的持续 1 年或更长的时间,仍不出现临床症状。该病临床上分为急性型和慢性型。

1. **急性型** 病貂食欲减退或拒食,精神沉郁,逐渐衰竭,可在 2~3 天内死亡,死前痉挛。

2. **慢性型** 病程延长至数周。病貂肾脏高度受损,表现饮欲增加,水的代谢紊乱,表现高度口渴,几乎整天伏在水槽上暴饮或吃雪、啃冰。秋冬季节气温较低,由于冰冻往往不能满足其饮水的需要,致使病情恶化和死亡。病貂被毛无光泽,眼球下陷,凝视。精神高度沉郁,步履蹒跚。食欲反复无常,渐进性消瘦,生长发育缓慢。贫血,可视黏膜苍白,齿龈、上颚常有出血或溃疡。神经系统受损,伴有抽搐、痉挛、共济失调、后肢不全麻痹或麻痹,由于内脏自发性出血,粪便呈煤焦油样。伴有小血管壁增厚,管腔变小,甚至阻塞,即所谓结节性动脉炎。

【病理变化】 病貂被毛无光泽,高度消瘦,可视黏膜苍白,有的口腔黏膜溃疡。腹部被毛尿湿,肛门周围有少量煤焦油样粪便附着,脚爪皮肤苍白。

急性死亡的病貂胸腺萎缩,表面有粟粒大的出血点。肾脏充血出血,肿大,被膜下有散在出血点或出血斑。慢性病例肾脏呈淡褐色,灰色或淡黄白色,表面出现黄白色小病灶,凹凸不平,呈天花板样。被膜多易剥离,切面初期外翻,有少量血液流出。后期切面内收或平齐,色淡,发生变性肾炎。肝初期肿大,色暗褐,后期色淡,不肿,呈黄褐色或土黄色。脾脏急性经过的病例,有肿大的现象,被膜紧张,折叠困难;慢性经过的脾萎缩,边缘锐,呈红褐色或红棕色,切面白髓明显(脾小梁)。淋巴结肿大,其中以纵隔淋巴、胰淋巴、盆腔淋巴肿大明显,呈髓样肿胀。

【诊　断】　根据流行病学特点、临床症状和病理变化可作出初步诊断,进一步确诊需进行实验室检查。

病貂血液变化异常,最明显的是血清 γ-球蛋白增高。对流免疫电泳法在水貂感染阿留申病后 3～6 天即可检出沉淀抗体,并能维持 6 个月以上。

【治疗与预防】　本病目前还没有特异的治疗和预防方法。因此,为控制和消灭本病,必须采取综合性的防治措施。加强饲养管理,建立健全貂场的卫生防疫制度,给予优质、全价新鲜的饲料,提高机体的抗病能力。建立定期的检疫制度,每年在仔貂分窝以后,采用对流免疫电泳法逐头采血检疫,阳性貂集中管理,到取皮期杀掉,不能留作种用,这样就能防止阿留申病扩散,减少阳性貂的发生。当前还没有特异性强的疫苗,用阿留申细胞毒灭活苗对阴性貂接种有免疫现象。

三、细小病毒性肠炎

本病是由水貂感染细小病毒而引起的急性、接触性传染病,临床上以管套状稀便为主要特征。该病常呈暴发性流行,幼龄水貂有较高的发病率和病死率。本病发生没有明显的季节性,但多发生于夏秋季节。多呈地方性暴发流行,开始传播得比较慢,经过一段时间的传染,毒力增强转为快速传染,特别是仔貂分窝以后,大批发病、死亡。

【病　因】　本病是目前感染范围较广,在自然条件下,不同品种、年龄的貂都可感染。健康水貂接触病貂和带毒动物而感染。康复的水貂可终生排毒,患病水貂的所有分泌物及排泄物内均含病毒,可污染饲料和饮水,引起健康水貂感染发病。病毒可以随野鸟从污染貂场带到非发病场。此外,蝇类、禽类、鼠类,以及饲养人员的手套和使用的工具都是传播此病的媒介。发病貂场如不采取有效的防治措施,翌年仔貂分窝前后会再次发病,大批死亡。

【临床症状】 潜伏期4～9天,11天以上者少见(猫泛白细胞减少症为3～5天,犬细小病毒病为5～12天)。临床上分为最急性型、急性型和慢性型3种。

1. 最急性型 发病前后没有典型的临床症状,食欲废绝后12～24小时转归死亡。

2. 急性型 患病水貂高热,体温高达41℃以上,精神沉郁,饮欲增强,食欲减退或拒食,呕吐,腹泻,排出混有血液、黏液样、灰白色或粉红色的蛋清样稀便,在病程后期,排出典型的黄褐乳白色或粉红色混有血液样管状脱落的肠黏膜,管形稀便,即所谓套管样便。病程7～14天,转归死亡。

3. 慢性病例 病貂耸肩弯背,被毛蓬乱,无光泽,喜卧于小室内,排便频繁,里急后重,粪便液状,常混有血液,呈粉红色或灰白色,有的排出褐红色胶冻样管形便。由于腹泻脱水,自身中毒,病貂表现极度虚弱、消瘦,常常四肢伸展卧于笼内。用显微镜检查粪便有大量没消化的纤维素,白细胞和脱落的黏膜上皮细胞和血液。白细胞减少,嗜中性白细胞相对增多,淋巴球则相对减少。一般经1～2周后转归死亡,个别的慢性病貂也有耐过,自然治愈,长期带毒,生长发育迟缓。

【病理变化】 最急性型死亡的病貂营养良好。慢性经过死亡的病貂消瘦,被毛粗糙无光泽,肛门周围附有少量黏液状粪便,皮下无脂肪,较干燥。急性病例肝肿大,质脆呈土黄色,胆囊充盈。肾一般无明显变化。胃空虚,有少量黏液和胆汁色素,黏膜特别是幽门充血,有的有溃疡灶。一般肠管空虚,肠壁菲薄,肠道呈鲜红色,黏膜充血出血,肠内有少量混有血液和未消化的食糜,呈急性卡他性出血肠炎变化。肠管内容物呈黄绿色水样,肠壁有纤维素样坏死灶。肠系膜淋巴结肿大、充血、出血、水肿。

【诊　　断】　根据流行病学特点、临床症状和病理变化可作出初步诊断,进一步确诊需进行实验室检查。常用的诊断方法有特异荧光抗体染色、单克隆抗体检测病毒的 ELISA 方法、血凝及血凝抑制、电镜法以及对流免疫电泳。

【治疗与预防】　当前对病毒性传染病没有特效治疗方法,只能是在发病的早期,防止细菌继发感染,使用抗生素,降低病死率。免疫血清有较好的治疗效果,但价格比较高,使用的不普遍。最好的办法就是及时发现并正确诊断,采取紧急接种,能起到一定的预防和治疗作用。

发生本病的场或地区(疫区)一定要做好预防工作,定期做好疫苗接种工作。目前国内外研制使用的疫苗较多,有同源组织灭活苗、细胞培养灭活疫苗、弱毒细胞苗,以及猫源病毒(猫泛白细胞减少症)细胞培养灭活疫苗。我国成功地研制出病毒性肠炎同源组织灭活疫苗、细胞培养灭活苗、细胞培养弱毒疫苗以及各种联苗。但要注意国内生产的疫苗由于生产厂家不同,质量、效价不尽相同,使用起来效果也不一样,所以要注意疫苗的质量和使用方法。疫苗预防接种时期一般应在仔貂断奶 7～15 天后(即 6 月末 7 月初)进行。发病貂场立即进行紧急疫苗接种。在引进前(种貂售出场)30 天进行疫苗接种,尤其是由未发过病的貂场引进种貂必须如此,方可混群饲养。

严格执行卫生防疫制度,严禁猫、犬和禽类入貂场,引进种貂,入场后应隔离 15～30 天。当水貂场有本病流行时,应停止一切混群行动。病貂隔离饲养,隔离饲养的病貂应由专人管理,不得乱混群,对死亡的尸体及污染物等,一律烧掉或深埋。对污染的用具及器皿,要高温消毒(蒸煮)。病愈后的水貂一律留在隔离场(棚舍),一直到取皮期淘汰取皮。发病场的貂皮应在室温 30～35℃、空气相对湿度 40%～60%条件下处理 48 小时。刚发过病(1 年以内)

的貂场严禁输出种貂,貂笼要用火焰消毒,产箱(小室)用2‰福尔马林或氢氧化钠溶液消毒,地面用5‰氢氧化钠溶液或10‰生石灰乳消毒。粪便堆集在距貂场较远的地方进行生物热发酵处理。

四、冠状病毒性肠炎(流行性腹泻)

本病是由冠状病毒引起的病毒性传染病,临床上以流行性腹泻为特征。本病春秋季多发,发病率高,病死率较低,成年貂和育成貂均可感染发病。该病的发生与水貂品种密切相关,北美貂及其杂种后代易感,我国原有品种水貂易感性差。

【病　因】　健康水貂接触患病水貂和带毒动物而感染发病。病毒主要存在于感染动物的胃肠内,并随粪便排出体外,污染饲料和饮水,而使健康水貂感染本病。病毒可以随饲养人员的衣服、手套和使用的工具等传播。

【临床症状】　该病的临床症状很难与其他原因引起的胃肠炎区别。病貂常表现精神沉郁,食欲不振,两眼无神,鼻镜干燥,被毛无光泽,消瘦,一般体温不高。饮水量增加,呕吐,腹泻,排出灰白色、绿色乃至粉黄色黏液状稀便,有的排出黑红色卡他样稀便,没有明显的管套样稀便,腹泻严重的病貂,饮水补液跟不上,脱水自身中毒而死。

【病理变化】　病死水貂尸体消瘦,口腔黏膜、眼结膜苍白,肛门及会阴部被稀便污染,胃肠道黏膜充血、出血,胃肠内有少量灰白色或暗紫色的黏稠物,肠内有血,肠系膜淋巴结肿大,肝脏肿大,轻度黄染;脾肿大不明显;肾脏质脆,呈土黄色。

【诊　断】　根据流行病学特点、临床症状和病理变化可作出初步诊断,但是应与细小病毒性肠炎进行鉴别诊断。进一步确诊需要进行实验室检查。

【鉴别诊断】　本病和细小病毒性肠炎都表现腹泻,排泄物很相似,所以在临床上一定要加以区别,以防误诊。

1. **细小病毒性肠炎** 水貂腹泻,但稀便中多数都有脱落的肠黏膜,排出呈粉红色或黄粉色,即所谓管套状稀便,冠状病毒性肠炎无此现象。细小病毒性肠炎发病率高,但病死率也高。冠状病毒肠炎发病率高,但病死率低。细小病毒肠炎应用细小病毒肠炎疫苗预防接种或应急接种能将疫情控制住。而冠状病毒肠炎用水貂肠炎(细小病毒)苗控制不住病的流行。

2. **其他细菌性肠炎** 能检出细菌来,用抗生素和磺胺类、喹诺酮类药物治疗有效。水貂冠状病毒肠炎用抗生素和磺胺类药无效。

【治疗与预防】 目前尚无特效疗法,只能采取强心、补液、防止继发感染的治疗方法。给病貂皮下或腹腔注射5‰~10‰葡萄糖注射液10~15毫升,皮下分多点注射;也可让病貂自饮葡萄糖甘氨酸溶液(葡萄糖22.55克,氯化钠4.75克,甘氨酸3.44克,枸橼酸钾0.04克,无水磷酸钾2.27克,溶于1000毫升水中)。同时用琥珀氯霉素(人用)0.5~1.0毫升,肌内注射;或用速灭沙星注射液,0.2~0.4毫升/千克体重,肌内注射,可缓解症状,防止继发感染。采用典型病死貂实质脏器(心、肝、脾、肾、淋巴结等)做同源组织灭活液(但要用科学的方法研制,灭活要彻底),做紧急接种或预防接种。

预防要加强饲养管理,提高貂群的抗病能力。搞好场内卫生消毒工作,每周定期用派德斯百毒杀(按标签说明使用)或0.1%过氧乙酸溶液喷洒消毒1次。病貂笼要用火焰消毒,以保证饲料和饮水的卫生,防止野犬和猫进入。

五、轮状病毒性肠炎

本病是由轮状病毒引起的人兽共患传染病,临床上以腹泻为特征。本病的发生无明显季节性,全年均可发生,但有明显的流行高峰。我国东北以10~11月份,其他地区以10~12月份多发。

轮状病毒感染通常以突然发生和迅速传播的方式在貂群中广泛流行，常呈地方流行性。

【病　因】　水貂接触病貂和带毒动物而感染本病。病毒主要存在于肠道内，随粪便排出体外。病愈动物至少在3周内仍持续随粪便排毒，污染环境、垫草、饲料和饮水而使健康水貂感染发病。饲养人员的用具和笼子消毒不严格也可造成本病的传播。

【临床症状】　幼龄水貂易发病，精神沉郁，食欲减退，行动缓慢，常于食后呕吐，继而发生腹泻，粪便有时带血或黏膜，多为红褐色或黄绿色，呈水样或糊状。多数病貂呈亚临床表现，病程比较长，病死率比其他传染性肠炎低。

【诊　断】　根据流行病学特点、临床症状和病理变化可作出初步诊断。进一步确诊需进行电镜法、免疫电镜法或血清学检查。

【治疗与预防】　本病无特异性疗法，只能采取对症疗法和加强饲养管理。发现病貂立即隔离，将其放于清洁干燥、温暖、消毒好的隔离笼舍内，给予易消化的饲料。对症治疗，防止脱水，投服收敛止泻剂和制菌剂，防止继发感染。让病貂自饮补液盐水葡萄糖甘氨酸溶液或葡萄糖盐水。

六、伪狂犬病

本病又称阿氏病，是由伪狂犬病病毒引起的急性、病毒性传染病。临床上以中枢神经系统损伤，皮肤瘙痒，胃肠臌气，腹部膨满为特征。发病没有明显的季节性，但以夏、秋季节多见，常呈地方性暴发流行。初期病死率高，当排除污染饲料以后，病势很快停止。

【病　因】　水貂接触病貂和带毒动物而感染本病。水貂采食屠宰厂的病猪下脚料、伪狂犬病病毒污染的饲料和饮水而感染本病。本病主要经消化道感染，皮肤外伤也能感染。

【临床症状】　水貂自然感染潜伏期为3～6天。病貂主要表现平衡失调,常仰卧,用前爪摩擦鼻镜、颈和腹部,但无皮肤和皮下组织的损伤。表现拒食或食后不久发作。其特征为食后 1 小时,多数水貂精神萎靡,瞳孔缩小,呼吸迫促、浅表,鼻镜干燥,体温升高(40.5～41.5℃),狂躁不安,冲撞笼网,兴奋与抑制交替出现,时而站立,时而躺倒抽搐,转圈,头稍昂起,前肢搔抓脸颊、耳朵及腹部。舌面有咬伤,口腔流出多量血样黏液。有的出现呕吐和腹泻。死前发生喉麻痹,胃肠臌气。有的公貂发生阴茎麻痹。眼裂缩小,斜视,下颌不由自主地咀嚼或阵挛性收缩,后肢不全麻痹或麻痹,病程 1～20 小时死亡。

【病理变化】　患病水貂身体营养良好,鼻和口角有多量粉红色泡沫状液体,舌露出口外,有咬痕。眼、鼻、口和肛门黏膜发绀。腹部膨满,腹壁紧张,叩之有鼓音。血凝不全,呈紫黑色。心扩张,冠状动脉血管充盈,心包内有少量渗出液,心肌呈煮肉样。大脑血管充盈,质软。肺脏呈暗红色或淡红色,表面凹凸不平,有红色肝样变区和灰色肝样变区交错,切之有多量暗红色凝固不良血样液体流出。气管内有泡沫样黄褐色液体,胸膜有出血点,支气管和纵隔淋巴结充血、淤血。特征性变化是胃肠臌气,腹部膨满。胃肠黏膜常覆以煤焦油样内容物,有溃疡灶。小肠黏膜呈急性卡他性炎症,肿胀充血和覆有少量褐色黏液。肾增大,呈樱桃红色或泥土色,质软,切面多血。脾微肿,呈充血、淤血状态,白髓明显,被膜下有出血点。病理组织学检查,发现许多脏器表现充血、出血,局部血液循环障碍,是本病的特点。

【诊　　断】　根据流行病学特点、临床症状和病理变化可作出初步诊断,但是需要与狂犬病、神经型犬瘟热、肉毒梭菌中毒和巴氏杆菌病进行鉴别诊断。进一步确诊需进行血清学和动物试验。

【鉴别诊断】

1. 狂犬病　伪狂犬病有瘙痒,突然发作、病程短、迅速出现大批死亡,胃肠臌气,不攻击人,不恐水。狂犬病无上述症状,散发,攻击人畜。

2. **神经型犬瘟热** 犬瘟热病虽有神经症状,但没有瘙痒和胃肠鼓胀,有特殊的腥臭味和黏膜的炎症。

3. **肉毒梭菌中毒** 肉毒梭菌中毒主要是由肉毒梭菌毒素引起,群发,主要表现后躯麻痹,丧失活动能力,肌肉高度松弛,后肢下垂,瞳孔散大,闪闪发光。伪狂犬病瞳孔缩小,有瘙痒、皮肤有擦伤或撕裂痕。肉毒梭菌中毒则无此变化。病势由后肢向前肢发展最后全身瘫软。

4. **巴氏杆菌病** 巴氏杆菌病无瘙痒和抓伤,幼龄水貂多发,细菌学检查能查到巴氏杆菌。伪狂犬病则查不到细菌。

【治疗与预防】 本病目前尚无较好的特效疗法,抗血清治疗有一定的效果,但经济上不合算。发现本病,应立即停喂受伪狂犬病毒污染的肉类饲料,更换新鲜、易消化、适口性强、营养全价的饲料。病貂用抗生素控制细菌继发性感染。

预防本病应采取综合防治措施,对肉类饲料加强管理,对来源不清楚的饲料最好不用。特别是利用屠宰厂猪的下脚料一定要高温处理后熟喂。凡认为可疑的肉类饲料都应无害处理后再喂。貂场内严防猫、犬窜入,更不允许与犬、猪混养。伪狂犬病多发的饲养场和地区,或以猪源为主的肉类饲料的饲养场,可用伪狂犬病疫苗预防接种。

第六节 水貂寄生虫病

一、弓形虫病

本病是由龚地弓形虫引起的人兽共患的寄生虫病,临床上以贫血、呕吐、腹泻和后肢麻痹为特征。本病没有严格的季节性,但以秋冬和早春发病率最高。本病潜伏期7～10天或数月,轻度感染一般不显症状;重度感染的急性病例 2～4 周死亡;慢性病例可维持数月而长期带虫。

【病　因】　健康水貂采食含有弓形虫速殖子或包囊的中间宿主的肉和内脏,或被猫类粪便和患病动物的渗出物、分泌物和乳汁等污染的饲料和饮水而被感染。速殖子可以通过皮肤、黏膜而感染,也可通过胎盘感染胎儿。本病可能与寒冷、妊娠等导致机体抵抗力下降有关。

【临床症状】　病貂体温升高至 41～42℃,呈稽留热,食欲不振,粪便先干燥、后水样腹泻,严重者发生出血性腹泻,无恶臭。病初表现兴奋性增高,极度不安,眼球突出,无目的地奔跑,有的听觉丧失,下颌运动障碍。后期沉郁,完全拒食,鼻端支着笼壁呆立不动,时而搔抓、啃咬笼网,驱赶时做无方向的转圈运动。心跳快而弱,可视黏膜苍白或黄染,结膜发炎,流脓性眼眵,视觉障碍,鼻腔流浆液性鼻液。呼吸困难,咳嗽,胸腹等无毛或少毛处皮肤暗红,出现剧烈呕吐、共济失调、后肢不全麻痹或完全麻痹等神经症状。耐过急性期的公貂性欲减退,母貂不发情、不受孕或妊娠早期发生流产、后期早产,产死胎、畸形胎或弱仔。

【病理变化】　尸体消瘦,肌肉色淡,全身横纹肌色淡或黄染。头部水肿,眼球突出。肺充血、肿胀,间质增宽,有小出血点和灰白色病灶;切面流出多量带泡沫液体,呈大理石状花纹。心包积液。腹腔体液增多,胃肠黏膜充血,有溃疡或灰白色坏死灶。肝、脾、肾亦有坏死灶和出血点。全身淋巴结肿大,切面湿润多汁,并伴有粟粒大小的灰黄色坏死灶和出血点。

【诊　断】　根据流行病学特点、临床症状和病理变化可作出初步诊断,但需注意与神经型犬瘟热进行鉴别诊断。进一步确诊需进行实验室检查。

弓形虫检查:将病理材料切成数毫米小块,用滤纸除去多余水分,放载玻片上并使其均匀散开和迅速干燥。标本用甲醛固定 10

分钟,以姬氏液染色 40～60 分钟后干燥,镜检,可发现半月牙形的弓形虫。

另外,近年来用荧光抗体法检查弓形虫,即在荧光色素中用荧光异硫氰酸盐,被染上的半月形虫体呈荧光的黄绿色。血清学检查主要有色素试验、补体结合反应、血球凝集反应及荧光抗体法等。其中色素试验由于抗体出现早、持续时间长、特异性高,适合各种宿主检查,采用较为广泛。

【治疗与预防】 发现病貂及时隔离治疗,目前对弓形虫病治疗尚缺乏特异疗法。氯嘧啶(杀原虫药)和磺胺二甲氧嘧啶并用,有一定效果;或用磺胺苯砜(SDDS),剂量为每天 5 毫克/千克体重。为了促进病貂食欲,辅以 B 族维生素和维生素 C。

病死貂尸体要深埋或火化。取皮、解剖、助产及捕捉用具要用高温消毒,或用 1.5%～2%氯亚明、5%来苏儿消毒。场内要灭鼠,禁止水貂与猫接触,妥善处理猫的粪便,防止水貂采食被猫粪中的感染性卵囊污染的饲料和饮水。

二、球虫病

本病是由艾美耳科等孢子属球虫引起的寄生虫病。临床上以肠炎为特征。

【病 因】 本病是水貂的常见病。各年龄水貂均易感染,幼龄貂更易感染,成年貂临床症状不明显。环境卫生不良和饲养密度较大易发生本病。健康水貂接触病貂和带虫的成年貂,采食被球虫污染的饲料和水,或吞食带虫卵的苍蝇、鼠类均可发病。

【临床症状】 发病水貂表现食欲不振,精神沉郁,被毛无光泽。眼鼻有分泌物,尿频,腹泻或腹泻与便秘交替出现,粪便开始为黄色松散状,后期排出带黏液的鲜红色血便。水貂消瘦,生长发育不良,后期死亡。老年貂抵抗力较强,常呈慢性经过。

【病理变化】 病貂普遍贫血、消瘦。肠黏膜水肿、充血,有点状出血,上皮脱落,个别病例肠壁可见灰白色结节。胃空、小肠黏膜发炎,肠腔内容物稀薄,呈现红色内容物。内容物稀并混有黏液和血液,球虫卵囊寄生部位为肠黏膜,有针尖大出血点,并有白色小结节,内充满球虫卵囊,肠黏膜凹凸不平。

【诊　断】　根据流行病学特点、临床症状及病理变化可作出初步诊断,进一步确诊需进行实验室检查。

生前诊断:可用饱和盐水漂浮法,显微镜下检查粪便中有无卵囊,并根据卵囊的形态、特征,即可确诊。

死后剖检:在小肠黏膜层内发现白色结节,显微镜下检查发现球虫卵囊,即可确诊。

【治疗与预防】　甲氧苄啶-磺胺甲噁唑,口服,15 毫克/千克体重,每天 1～2 次,连续服药 5 天。磺胺间二甲氧嘧啶,口服,50～60 毫克/千克体重,每天 1 次;然后剂量减为 25 毫克/千克体重,每天 1 次,连续服药 5～20 天。

保持笼舍干燥,清洁卫生,定期消毒,空舍时最好进行火焰消毒。加强饲料管理,避免饲料被污染,提供优质、全价、新鲜、卫生的饲料和洁净饮水,增强水貂抗病力。貂粪必须经堆积发酵,利用生物热杀灭病菌及球虫卵后才能作肥料。病貂和健康貂应分开饲养,并淘汰病貂,取皮不留作种用。定期投药,可选用球诺克等毛皮动物专用药。球虫易产生抗药性,需几种药物交替使用。禁止使用马杜拉霉素等禽专用抗球虫药,以免发生中毒。

三、肾膨结线虫病

本病是由肾膨结线虫引起的寄生虫病,临床上以可视黏膜发白、灰白色肾脏和血尿为特征。

【病　因】　水貂因采食未煮熟的感染肾膨结线虫蚴的鱼类饲料而感染本病。

【临床症状】　肾膨结线虫病多寄生于水貂右侧腹腔,雌虫很长,感染率很高。病貂消瘦,贫血,可视黏膜苍白,食欲不佳,消化紊乱,呕吐,血尿等。由于虫体移行机械刺激,分泌毒素,肾脏和腹腔浆膜发炎,脏器粘连,大网膜纤维素沉着,肝脏受损,患侧肾脏浑浊呈灰白色、质硬,穿孔或缺损,切面有钙化灶,肾盂内有脓样的浑浊液体。有的可见到虫体穿入肾组织中,膀胱内有血尿。貂群抵抗力下降,易继发其他传染病。

【病理变化】 尸体消瘦,尸僵完整,口腔黏膜苍白,皮下组织无脂肪沉着。剖开腹腔,可见多量淡黄红色腹水,肝脏受损。患侧肾区和腹膜有黄红色绒毛状纤维素附着,多在右侧腹腔发现虫体。

【诊　　断】 根据流行病学特点、临床症状和病理变化可作出初步诊断,进一步确诊需进行实验室检查。

【治疗与预防】 本病尚无特效的治疗方法,可以用灭虫丁或伊维菌素治疗,用药剂量和方法参照药品说明书。

以淡水鱼类为主要饲料的养貂场,鱼类饲料都应熟喂,其他饲料也应和未高温处理的生鱼分开储存,不能混放在一起。动物的饮用水应用井水。江南(长江)水乡的养殖场应重视此病。

四、颚口线虫病

本病是由颚口线虫引起的寄生虫病,临床上以食管发生病变不能进食和进行性消瘦为特征。

【病　　因】 健康水貂接触患病水貂和其他动物,或采食被颚口线虫污染的鱼类饲料和饮水而发病。

【临床症状】 虫体寄生于食管壁,引起咽下困难或呕吐,严重者食管形成憩室,不能进食。虫体寄生于心肺等胸腔器官,引起心脏穿孔,出血,心跳受阻,心脏发炎,肿大,心力衰竭而死。慢性经过的病例,病貂表现消化紊乱,呕吐,剩食,消瘦,精神萎靡不振,喜卧小室内,不愿活动,被毛蓬乱,可视黏膜苍白,最后昏迷而死。

【病理变化】 尸体消瘦,可视黏膜苍白,皮下脂肪减少。若虫体寄生在食管,则食管黏膜寄生部位发炎,肿胀,形成憩室或肿瘤。食管狭窄,在肿瘤内有时发现虫体。若虫体穿入心脏,可造成心包炎、心包积液增多等症状,切开心包膜便发现虫体穿入心肌内。

【诊　断】　根据流行病学特点、临床症状和病理变化可初步作出诊断,进一步确诊需进行实验室检查。

【治疗与预防】　本病目前尚无特效治疗方法。严重病貂可用阿苯达唑(肠虫清)及三道年片进行治疗。

禁喂生的或未煮熟的淡水鱼,对病貂粪便进行无害化处理。平时注意灭鼠,定期驱虫。

五、麦地拉龙线虫病

本病是由麦地拉龙线虫引起的人兽共患寄生虫病,临床上以高度消瘦和皮下有虫体寄生为特征。

【病　因】　麦地拉龙线虫是生物源性线虫,其中间宿主是剑水蚤。当水貂饮用、食入含有被麦地拉龙线虫幼虫感染的剑水蚤的水或鱼,即可感染本病。

【临床症状】　患貂营养状态不良,机体消瘦,被毛粗乱,精神沉郁,食欲减退。该虫寄生在水貂皮下,雌虫在水貂头部皮下呈弯曲状,行至后肢皮下逐渐伸直。

【诊　断】　根据流行病学特点、临床症状和病理变化可作出初步诊断,进一步确诊需进行实验室检查。

【治疗与预防】　可用伊维菌素治疗或手术驱虫。还可以用5%佳灵三特注射液进行治疗,每千克体重按0.1毫升注射,间隔7天再用药1次。

六、旋毛虫病

本病是由旋毛虫引起的人兽共患寄生虫病,临床上以进行性消瘦和膈肌存在虫体为特征。

【病　因】　水貂因接触旋毛虫感染的饲料或肉制品而感染本病。

【临床症状】　患病水貂呼吸短促，不愿活动，营养不良，食欲不振，慢性消瘦，消化紊乱，呕吐，腹泻，抗病力下降，当天气变化，气温下降时出现死亡，或由于高度消瘦失去种用价值。

【病理变化】　尸体消瘦，皮下无脂肪沉着，筋膜下和背部肌肉里有罂粟粒大的乳白黄色小结节散在。

【诊　断】　根据旋毛虫的流行病学特点、临床症状和病理变化可作出初步诊断，进一步确诊需进行实验室诊断。剪取背最长肌有小结节的肌肉组织，或膈肌，剪碎放于载玻片上，压片置于低倍显微镜下观察，见有呈盘香状蜷曲的虫体，即可确诊。

【治疗与预防】　可用阿苯达唑治疗，用量每天按 25～40 毫克/千克体重，分 2～3 次口服，5～7 天为 1 疗程。

加强兽医卫生检疫，用犬肉或犬的副产品作饲料一定要采样镜检，或高温无害化处理再喂，为保证高温处理肌肉深层达到 100℃，应把要高温处理的肉，切割成小块，以便彻底杀灭虫体。饲养人员要做好自身防护，以免被感染。

七、疥螨病

本病是由水貂感染疥螨而引起的一种慢性寄生虫性皮肤病，俗称癞皮病。临床上以大量麸皮状皮屑和瘙痒为特征。

【病　因】　疥螨病多发于冬末和春初。健康水貂因接触携带疥螨的水貂或其他动物，以及螨虫及卵污染的笼舍、用具等感染本病。

【临床症状】　幼龄水貂发病较严重，麸皮状皮屑多先起于头部（鼻梁、眼眶、耳部）及胸部，然后发展到躯干和四肢。病初皮肤发红有疹状小结，表面有大量麸皮状皮屑，进而皮肤增厚、被毛脱落、表面覆盖痂皮、龟裂。剧痒，不时用后肢搔抓、摩擦，当皮肤抓破或痂皮破裂后可出血,发生感染时患部可有脓性分泌物,并有臭味。病貂日见消瘦、营养不良,重者可导致死亡。

【诊　断】　根据流行病学特点、临床症状可初步诊断,进一步确诊需进行实验室检查。

从病貂的耳壳内刮取病料,放在黑色纸上,加热至 30～40℃,螨虫即出爬行,肉眼可见到活动的小白点,也可用显微镜检查,发现螨虫即可确诊。

在症状不太明显时,取患部皮肤上的痂皮,最好在患部与健部交界处,用锐匙或外科圆刃刀刮取表皮,装入试管内,加入 10％氢氧化钠(或氢氧化钾)溶液煮沸,待毛、痂皮等圆形物大部分溶解后,静置 20 分钟,吸取沉渣,滴于载玻片上,用低倍显微镜检查发现幼螨、若螨和虫卵可确诊。

【治疗与预防】　根据情况选用木桶、旧铁桶、大铁锅、帆布浴池或水泥池等给病貂进行药浴。可选用下述药品进行药浴:辛硫磷 500 毫克/千克体重,二嗪农(螨净)250 毫克/千克体重,巴胺磷(赛福丁)150～250 毫克/千克体重,双甲脒 300～500 毫克/千克体重,溴氰菊酯(倍特)50 毫克/千克体重等。大群药浴前应先做小群安全试验。药液温度应保持 36～37℃,最低不能低于 30℃。应选择室外无风晴朗天气或在室内进行,药浴前应给水貂饮足水,水貂浸入药液后要停留片刻,以达到浸透、浸没头部,但要露出口鼻,以免误咽,引起中毒。药浴后应注意观察有无中毒现象发生,发现水貂精神不好、口吐白沫,应及时治疗。药浴的同时要对笼舍消毒。选择低毒高效的药物:伊维菌素,0.2 毫升/千克体重,皮下注射,间隔15～20 天再注射 1 次,治疗同时应配合环境消毒,防止来自环境的继发性感染。严重瘙痒的水貂可用泼尼松 0.5 毫克/千克体重,口服,每日 2 次,连用 2～5 天。

发现患有疥螨病的水貂要及时隔离,以防互相传染。注意环境卫生,保持貂舍清洁干燥,对于貂笼、小室要定期清理消毒。

八、蠕形螨病

本病是由水貂感染蠕形螨而引起的一种皮肤寄生虫病。临床上以界限明显的脱毛、秃斑和瘙痒为特征。本病又称毛囊虫病或脂螨病，是一种常见而又顽固的皮肤病。

【病　因】　健康水貂接触携带蠕形螨的病貂或其他动物而感染本病。蠕形螨寄生于动物的皮脂腺和毛囊内。其抵抗力很强，可在外界存活多日。

【临床症状】

1. 鳞屑型　主要是在眼睑及其周围、额部、嘴唇、颈下部、肘部、趾间等处发生脱毛、秃斑，界限明显，并伴有皮肤轻度潮红和麸皮状屑皮，皮肤可有粗糙和龟裂，有的可见有小结节。皮肤可变成灰白色，患部不痒。

2. 脓疱型　感染蠕形螨后，首先多在股内侧、下腹部见有红色小丘疹。几天后变为小的脓肿，重者可见腹下、股内侧大面积红白相间的小突起，并散发特有的臭味。病貂表现不安，并有痒感。大量蠕形螨寄生时，可导致全身皮肤感染，被毛脱落，脓疱破溃后形成溃疡，并可继发细菌感染，出现全身症状，重者可导致死亡。

【诊　断】　根据流行病学特点、临床症状可作出初步诊断，进一步确诊需要进行实验室检查。

取患部与健部交界处的痂皮，放于载玻片上，滴1滴甘油，盖上盖玻片，显微镜下检查，发现疥螨即可确诊。

【治疗与预防】　局部治疗用肥皂水或0.2%温来苏儿洗刷患部皮肤，然后涂15%浓碘酊，每隔1～2天涂搽1次；或用二甲苯胺脒（用量为每226.8毫升水中加0.66毫升药液），每天涂搽1次，直到痊愈为止。全身治疗采用伊维菌素，0.4～0.6毫克/千克体重，口服，每天1次，连用30天。全身性感染的病例可结合抗生素疗法。

保持貂场地面、笼舍及用具的清洁卫生,定期在地面撒生石灰或喷洒火碱水,或用火焰喷灯消毒。做好灭鼠及灭蝇,防止传播螨病。从外地购入水貂,运到本场须隔离饲养一段时间,经观察无病才能融入本场貂群饲养。平时要仔细观察貂群,一旦发现行为异常,如常用爪挠抓皮肤,出现挠伤、秃斑、流污血、结硬痂等症状,应及时采取治疗措施,严防螨病蔓延。及时处理病貂所剪下的痂皮、被毛和病尸,必须全部烧毁或深埋。操作现场彻底清扫后,用1%～2%氢氧化钠溶液消毒。

九、蛆　病

本病也叫蝇蛆病,由蝇的幼虫侵入和居留在毛皮动物活体组织和腔洞引起,临床上以颈、腰部皮肤可摸到椭圆形肿块和肿块内有虫体为特征。

【病　因】　水貂抵抗力下降可引起蝇的侵害,引发本病。

【临床症状】　被蝇蛆侵害的仔貂一般营养不良,表现极度不安和发出尖叫声。常在颈、腰部皮肤,可摸到3～15个椭圆形肿块,以后中心硬结,下面有化脓性渗出物。有时在皮肤圆形孔内发现幼虫虫体。个别仔貂皮肤肥厚和脓肿。由于蛆的活动及其分泌物刺激,导致病貂不安,食欲下降,消瘦,严重者死亡。

【诊　断】　根据临床症状可初步诊断,进一步确诊需进行实验室检查。

【治疗与预防】　用外科手术的办法除去蛆和坏死组织,向患部腔内注入双氧水,清理创腔,然后注入少量氯仿或1%敌百虫溶液,以杀死幼虫和防蝇再次产卵,然后用镊子取出蛆体。如果看不到蛆时,可用手指挤压有蛆活动的部位,把蛆排出来,然后消毒伤口,还要注意防蝇再次侵害。

预防主要是加强环境卫生,注意小室(产箱)内卫生,箱内的剩食要及时清除掉,勤换垫草,特别是仔貂采食以后,产箱内的卫生很重要。

十、蚤 病

本病是由蚤寄生于水貂而引起,临床上以瘙痒不安、抓咬被侵害部位和贫血为特征。

【病　因】　蚤在毛皮动物毛丛中或在产箱里的垫草中产卵发育,卵光滑,易落入产箱的板缝中或地面上,发育成幼蚤。健康水貂接触后患病。

【临床症状】　当大量跳蚤寄生在水貂身上时,由于刺咬、吸血,引起水貂瘙痒不安和营养消耗,常用脚爪搔扒被侵害的部位,使被毛遭到损伤,体况消瘦,严重者可出现贫血和营养不良。

【诊　断】　根据临床症状可初步诊断,进一步诊断需进行实验室检查。

【治疗与预防】　将0.5%蝇毒磷药粉(20%蝇毒磷乳粉25克加975克白陶土配制)装入纱布袋里,拨开毛绒,向毛根部撒布,1周后重复用药1次。在室温条件下,用25%溴氰菊酯250~300倍稀释液喷洒在蚤寄生部位,1小时内可杀死虫体。要注意杀虫药的用量,不要过多,以免中毒。在用药的同时,小室(产箱)和垫草要清理掉。搞好棚舍内卫生,保持干燥,定期用1%~2%敌百虫液喷洒地面。

第七节　水貂营养代谢病

一、维生素 A 缺乏症

本病是由水貂体内维生素 A 缺乏或不足而引起的代谢和功能失调的综合性疾病,临床上以干眼病和消化道上皮角化为特征。

【病　因】　饲料中维生素 A 含量不够或补给不足,达不到水貂的需求量；日粮中维生素 A 遭到破坏、分解、氧化、流失，机体吸收障碍等，如饲料贮存过久而使脂肪酸氧化，或调配不当；水貂本身患有慢性消化器官疾病，严重影响营养物质的吸收和利用；混合料中添加了酸败的油脂、油饼、骨肉粉及陈腐的蚕蛹粉等饲料，使维生素 A 遭到破坏，均可导致维生素 A 缺乏。水貂对胡萝卜素的消化不良，不易吸收而转化为维生素 A，植物性饲料不含维生素 A，所以引起其缺乏。

【临床症状】　成年水貂和幼龄水貂的症状基本相似。病貂除发生神经症状外，还表现干眼病，同时出现消化道、呼吸道和泌尿生殖系统黏膜上皮角化，母貂性周期紊乱，发情不正常，发情期延长，妊娠期发生胚胎吸收，出现死胎、烂胎；公貂表现性欲降低，睾丸发育不良，精子形成发育障碍。

【病理变化】　病貂的消化道、呼吸道和泌尿生殖系统黏膜上皮发生角化。

【诊　断】　根据临床症状和实验室检测可确诊。

【治疗与预防】　平时日粮中要注意维生素 A 的添加量，同时也要看肉类饲料质量，质量不好的要多给一些。治疗量的维生素 A 为预防量的 5～10 倍。水貂每天内服 3 000～5 000 单位，同时饲料内要保证有足够量的中性脂肪。如果应用植物盐基的维生素 A 制剂，日粮中补加鲜肝 10～20 克见效快。

预防必须根据水貂不同生理时期的需要量来添加，特别是在水貂配种准备期、妊娠期和哺乳期，在饲料中必须添加鱼肝油或维生素 A 浓缩剂，每天每千克体重 250 单位以上。向日粮中添加肝及维生素 E 具有较好效果，后者能防止肠内维生素 A 的氧化。鱼肝油必须新鲜，禁用酸败的鱼肝油，否则，用后不但不起治疗和预防作用，反而对水貂有害。

二、维生素 D 缺乏症

本病是由水貂体内维生素 D 缺乏或不足而引起的代谢和功能失调的综合性疾病,临床上以骨质钙化不足和发生骨折为特征。

【病　　因】　饲料单一、不新鲜,维生素 D 添加量不足;饲料中钙、磷比例失调;饲料霉败;动物体受光不足,患有慢性胃肠炎、寄生虫病等,都可导致后天性维生素 D 缺乏。先天性维生素 D 缺乏常由于妊娠母体营养失调或缺乏、阳光照射和运动不足、饲料中缺乏矿物质、维生素 D 和蛋白质所致。另外,动物患肝、肾疾病也可导致本病的发生。

【临床症状】　幼貂体质软弱,生长缓慢,异嗜,出现佝偻病,前肢弯曲,疼痛,跛行,甚至不能站立(2～4 月龄时易发生),喜卧,不愿活动。成年貂骨质疏松,易发生骨折,骨骼变形,肋骨与肋软骨之间交界处膨大,呈串珠状,脊柱向上隆起呈弓形弯曲,前肢弯曲,异嗜,跛行,妊娠母貂胎儿发育不良,产弱仔,成活率低,泌乳期奶量不足,提前停止泌乳,食欲减退,消瘦。

【诊　　断】　根据临床症状和实验室检查可以确诊。

【治疗与预防】　对病貂增加维生素 D_3 的补给,可以注射维丁(D)胶性钙,肌内注射,每次 0.5 毫升,隔日注射 1 次,同时在饲料中增加一些鲜肝和蛋类。也可以单独肌内注射维生素 D_3(骨化醇)。如果大批发生佝偻病,要调节饲料中的钙磷比,不要单一地补钙,最好用质量较好的鲜骨或骨粉,貂场内要适当地调节光照强度,以便于维生素 D 前体的转化。

三、维生素 E 缺乏症

本病是由水貂体内维生素 E 缺乏或不足而引起的代谢和功能失调的综合性疾病。临床上以繁殖障碍和脂肪炎为特征。

【病　　因】　饲料(日粮)中维生素 E 不足或缺乏,饲料质量不佳引起维生素 E 失去活性或被氧化。如动物性(肉类)饲料冷藏不好,贮时间过长,使肉类脂肪氧化酸败,特别是饲喂脂肪含量高的鱼类饲料更易使饲料中维生素 E 遭到破坏。

【临床症状】　病貂主要表现繁殖障碍,脂肪炎。母貂发情期拖延、不孕、空怀率高。仔貂生命力弱,精神萎靡、虚弱、无吮乳能力,病死率高。公貂表现性功能下降,无配种能力、精液质量不佳。育成貂易出现急性黄脂肪炎,突然死亡。

【诊　断】　根据临床症状和实验室检查可确诊。

【治疗与预防】　对病貂可以肌内注射维生素 E 注射液。具体方法参阅药品说明书,也可口服维生素 E 丸,但喂前要用温水泡开,不要把干维生素 E 胶丸直接放在饲料里,因为干药丸易被水貂挑出。如果伴有食欲不佳和黄脂肪病,可以采取综合治疗。维生素 E 或亚硒酸钠维生素 E 合剂,用量请参照药品说明书,维生素 E 注射液每千克体重 5~10 毫克,维生素 B_1 或复合维生素 B 注射液 0.5~1.0 毫升,分别肌内注射。直到病情好转,恢复食欲。根据情况采用青霉素、土霉素以及磺胺嘧啶、喹诺酮类药物抗菌消炎。除药物疗法外,还可以食饵疗法,在饲料中投给新鲜、富含维生素丰富的饲料小麦芽(小麦芽一定要小,不要用麦苗)及新鲜的动物性饲料,豆油、蛋黄、鲜肝等。根据饲料的质量适当添加一定量维生素 E 可以防止维生素 E 的缺乏和黄脂肪病的发生。特别是长期饲喂含脂肪高的,而且库存时间又长的海产品及肉类,更要注意预防此病的发生。

四、维生素 B_1 缺乏症

本病是由水貂体内维生素 B_1 缺乏或不足而引起的代谢和功能失调的综合性疾病,临床上以神经末梢变性和组织器官功能障碍为特征。

【病　因】　饲料单一,病貂厌食或患有吸收功能低下的胃肠疾病、寄生虫和衰老等因素,影响维生素 B_1 的吸收和利用;饲料搭配不合理,陈腐不新鲜,加工调制方法不当破坏饲料中的 B 族维生素,如生喂淡水有鳞鱼和生鸡蛋都能破坏维生素 B_1,因为淡水鱼体表、软体动物、蚕蛹和蛋清等含有硫胺素酶,可降解饲料中的维生素 B_1;添加的维生素制剂质量不合格,均可导致维生素 B_1 缺乏。

【临床症状】 患病水貂在笼中昏睡或昏迷不醒,蜷缩不动,出现食欲减退,大群剩食,身体衰弱、消瘦、步态不稳、抽搐痉挛、昏睡,若不及时治疗,经 1～2 天死亡。重度维生素 B_1 严重缺乏时,病貂体温正常,神经末梢发生变性,组织器官功能障碍,心脏功能衰弱,食欲废绝,消化功能紊乱。幼龄水貂发育停滞,被毛逆立、蓬乱、无光泽,可视黏膜苍白,不愿活动,继而出现神经症状,出现共济失调,后躯麻痹,在笼中乱爬,后躯被动驱动,拖动前进,抽搐、痉挛。

母貂妊娠期延长,空怀率高,产弱仔。妊娠母貂流产、产死胎,发育不良的仔貂数量增加,在妊娠后期由于死胎、烂胎自身中毒导致母仔转归死亡。由于母貂体内聚集有毒物质,常引起哺乳仔貂腹泻。

【诊　断】 根据临床症状可初步作出诊断,但是需注意与脑脊髓炎和食盐中毒进行鉴别诊断。进一步确诊需进行实验室检查。

【治疗与预防】 本病早期用维生素 B_1 或复合维生素 B 治疗,病貂可很快好转治愈。每天肌内注射维生素 B_1 或复合维生素 B 注射液 0.5～1.0 毫升,连用 3～5 天。大群水貂在饲料中投给维生素 B_1 粉,同时禁止生喂动物性饲料。

五、维生素 B_2 缺乏症

本病是因水貂体内维生素 B_2 缺乏或不足而引起的代谢和功

能失调的综合性疾病,临床上以神经功能紊乱和被毛褪色、变白为特征。

【病　因】　饲料单一、缺乏青绿饲料,酵母、鱼粉的质量低劣,动物厌食或患有消化吸收障碍、胃肠道寄生虫病等,均可导致维生素 B_2 缺乏或不足。

【临床症状】　病貂生长发育缓慢,逐渐消瘦、衰弱,食欲减退,神经功能紊乱,后肢不全麻痹、步态摇晃、痉挛及昏迷。心脏功能衰弱,全身被毛脱落,被毛(黑色)褪色,变为灰白色或者毛色变浅。母貂发情期推迟或不孕。新生仔貂发育不健全,腭裂分开,骨缩短。5 周龄仔貂完全无被毛及具有肥厚脂肪皮肤,腿部肌肉萎缩,运动功能衰弱,全身无力,晶状体浑浊,呈乳白色。

【诊　断】　根据临床症状可作出初步诊断,进一步确诊需进行实验室检查。

【治疗与预防】　对病貂及早补给维生素 B_2,每只每天 1.5～2.0 毫克,在饲料中添加复合维生素 B 或维生素 B_2 添加剂。日粮中含脂肪量较高时,需要增加维生素 B_2 的给量。水貂妊娠和哺乳期对维生素 B_2 的需要量更大,因此应加大添加维生素 B_2 的给量。

六、维生素 B_6 缺乏症

本病是因水貂体内维生素 B_6 缺乏或不足而引起的代谢和功能失调的综合性疾病,临床上以繁殖障碍为特征。

【病　因】　饲料单一,水貂患胃肠炎及寄生虫病,可引起维生素 B_6 缺乏或不足。

【临床症状】　本病主要发生在毛皮动物繁殖期,公貂表现性功能低下,无精子,睾丸发育不好,无配种能力。妊娠期母貂空怀率高,仔貂死亡率高,成活率低,妊娠期延长。仔貂生长发育迟缓,食欲不佳,上皮角化,棘皮症,小细胞性低色素性贫血,毛细血管通透性降低,易发生尿结石。

【诊　断】　根据临床症状和日粮的实验室检查可确诊。

【治疗与预防】　给予病貂易消化的富含维生素 B_6 的饲料，如肉、蛋、奶等。及时补给维生素 B_6 制剂，能收到良好的效果。水貂每只每天可肌内注射 1～1.5 毫升的复合维生素 B 注射液。吡哆醇盐酸盐糖粉可以添加在饲料中，剂量参照产品说明书。也可使用人用的维生素 B_6，效果较好。根据水貂的不同生理周期补加维生素 B_6 制剂，特别是在配种妊娠期要重视这个问题。仔貂育成期也应注意维生素 B_6 的补给。

七、维生素 B_{12} 缺乏症

本病是因水貂体内维生素 B_{12} 缺乏或不足而引起的代谢和功能失调的综合性疾病，临床上以贫血、生产率降低、共济失调和神经损伤为特征。

【病　因】　日粮中谷物性饲料比例过大，长期在饲料中添加广谱抗生素、磺胺类药物，地方性缺钴，都可导致本病发生。

【临床症状】　病貂表现消瘦，衰弱，可视黏膜苍白。消化不良，食欲丧失。幼貂发育迟缓，红细胞性贫血，呕吐，腹泻，被毛粗糙，生产率降低。病貂出现兴奋、步伐不稳定、共济失调等神经症状。

【诊　断】　根据临床症状和实验室检查可确诊。

【治疗与预防】　预防本病要在日粮中适量增加新鲜的鱼粉、肉屑、动物肝脏、酵母等；禁止饲喂腐败变质的饲料。在母兽妊娠期可在饲料中添加维生素 B_{12}，每只每天 0.1 毫克。治疗本病可肌内注射维生素 B_{12}，每次 0.1 毫克，每日 1 次或隔日 1 次，直至症状消失。也可以同时使用氯化钴，每天 1～2 毫克，连用 10 天，停药 10～15 天，视病情可反复用药。直至全身症状改善消失，停止用药。

八、叶酸缺乏症

本病是因水貂体内叶酸缺乏或不足而引起的代谢和功能失调的综合性疾病症候群,临床上以贫血、消化功能紊乱和毛生长障碍为特征。

【病　因】　长期饲喂鱼粉,或溶剂法提取的豆饼(饼类)及颗粒料时,易引起叶酸缺乏或不足。长期应用抗生素,会杀死胃肠道内正常微生物群,同样可以引起叶酸不足。

【临床症状】　水貂表现被毛稀疏,颜色变浅,换毛不全,被毛褪色,毛绒质量低劣,毛绒生长障碍。可视黏膜苍白,贫血。体重减轻,消化紊乱,易患出血性胃肠炎。多数仔貂因贫血而死,血液稀薄,血红蛋白降低。

【诊　断】　根据病貂的临床症状和实验室检查可确诊。

【治疗与预防】　病貂每天注射 0.2 毫克叶酸,直到康复。同时分别注射维生素 B_{12} 和维生素 C;口服或注射泛酸钙 3.0～4.0 毫克,或口服丙基硫脲嘧啶。在日粮中补加鲜肝和青绿饲料,在饲料中补给叶酸添加剂,能有效预防本病。水貂繁殖期日粮中需 0.5～0.6 毫克,妊娠期需 3.0 毫克。

九、维生素 C 缺乏症

本病是因水貂体内维生素 C 缺乏或不足而引起的代谢和功能失调的综合性疾病,临床上以四肢水肿为特征。

【病　因】　长期不喂青绿的菜类或补加含维生素 C 多的饲料,特别是在母貂妊娠中后期,饲料不新鲜,缺少蔬菜很容易引起维生素 C 缺乏,导致新生仔貂红爪病的发生。

【临床症状】　维生素 C 缺乏可引起骨生成带破坏,毛细血管通透性增强和血细胞生成障碍,新生仔貂表现为"红爪病"。口腔明显发白,四肢水肿,关节变粗,指(趾)垫肿胀,患部皮肤高度充血、淤血、潮红。进一步发展则指趾间破溃和龟裂,偶见尾巴水肿,变粗,皮肤高度潮红。尖叫嘶哑无力,声音拉长,不间断地往前爬(乱爬),头向后仰,吸吮能力差乃至不能吸吮母貂乳头,导致母貂乳房硬结发炎、疼痛不安,叼着病仔貂在笼内乱跑,甚至咬死仔貂。

【病理变化】 刚出生2~3天的仔貂,脚爪水肿、充血、出血、肿胀,胸腹部和肩部皮下水肿和黄染(胶样浸润),胸、腹部肌肉常常出现泛发性出血斑。

【诊 断】 根据临床症状和实验室检查可确诊。

【治疗与预防】 及时发现病貂,水貂在产后5天内发现叫声异常,要立即检查,对病貂可肌内注射抗坏血酸注射液0.5毫升,也可用滴管或毛细玻璃管向口内滴入抗坏血酸注射液,每天1次,直至水肿消失为止。同时在母貂的饲料中加一些新鲜的叶类或维生素C添加剂。

平时应保证饲料新鲜,不饲喂长期贮藏、质量不佳的饲料。日粮中要有一定量的蔬菜,如果没有新鲜的青绿蔬菜,可以添加一些比较便宜的水果或维生素C。

十、微量元素缺乏症

钙磷代谢障碍是水貂常见的微量元素缺乏症,仔貂患病又称佝偻病。

【病 因】 主要是由于饲料中缺乏维生素D、钙磷不足或钙磷比例失调造成的。水貂在生长、发育、妊娠及泌乳期钙需要量增加,导致日粮中钙磷相对不足或比例不当或者水貂出现钙磷吸收障碍;日粮中缺乏维生素D,或因阳光照射不足导致维生素D转化困难,引起钙磷吸收困难;钙磷从胃肠中排出过多等。

【临床症状】 仔貂佝偻症的主要症状是骨变形,首先是前肢,之后是后肢和躯干骨骼变形,头容积变大,腿短而细弱,弯曲,跛行,腹部增大下垂,有的仔貂不能用脚掌走路和站立,而是用肘关节移行。母貂发病时由于髋关节不正常,导致难产,使胎儿死亡数目增加。

【治疗与预防】 日粮配制时要注意钙磷的添加和配比,可投喂鲜碎骨和骨粉等富含钙、磷的饲料。

治疗可肌内注射 0.5 毫升维丁胶钙,或补给维生素 D 100 单位,持续 2 周;之后转为预防量,每千克体重 50 单位,也可补喂磷酸钙片。

十一、食毛症

本病是指水貂啃咬自身毛发的疾病,临床上以患病貂啃咬自身被毛,被毛残缺不全,呈剪毛样,皮肤裸露为特征。多发生于秋冬季节。

【病　因】 营养不全或不平衡,代谢功能紊乱或失调以及饲养管理不良都能诱发本病。如硒、铜、钴、锰、钙、磷等微量元素不足或缺乏,脂肪酸败,酸中毒,肛门腺阻塞等。

【临床症状】 水貂突然发病,一夜将后躯被毛全部咬断,或者间断地啃咬,严重的除头颈咬不着地方外,都啃咬掉,被毛残缺不全。尾巴呈毛刷状或棒状,全身裸露。如果不继发其他疾病,精神状态无异常,食欲正常。当继发感冒或外伤感染时可出现全身症状。由于舔食毛发而引起胃肠毛团阻塞。

【诊　断】 根据临床症状和实验室检查可确诊。

【治疗与预防】 应立足于综合性预防,饲料要多样化。全价新鲜,保证饲料质量。在饲料中添加微量元素铜、钴、硫、锌、铁、锰等制剂以及石膏粉、羽毛粉、骨粉含硫氨基酸(胱氨酸、蛋氨酸)等,在泌乳及冬毛生长期尤为重要。特别是饲喂哺乳育成期的仔貂时,饲料要注意微量元素和维生素的补给。

一旦发病,主要是对症治疗,防止感冒和其他继发症的发生。

十二、尿结石

本病是指水貂肾脏、膀胱及尿道内出现矿物质盐类沉淀。毛皮动物的尿结石多发于刚断奶后、发育比较好的、出生日龄比较早的幼龄水貂，公貂多于母貂。

【病　因】　甲状腺功能亢进，外伤性骨折，长期服用磺胺类药物及食入青菜过多。长期饲喂含磷、钙高的饲料或钙磷比例不当的饲料，维生素A缺乏，精饲料过多，蛋白质含量过高，导致营养不平衡；炎热干旱的季节，出汗多而水分补充不足，泌尿系统炎症引起的尿潴留和蓄积，尿液碱化后析出盐类，均可引起本病。

【临床症状】　本病的发生过程较慢，多在5～7月间表现症状。病初表现不安，不食，排尿频繁并有痛苦状，甚至排血尿。后期出现后肢麻痹，腹部鼓胀，触诊腹部可摸到膨大的膀胱，下腹部被毛潮湿。

【病理变化】　多数尿结石死亡的水貂尸体营养状态良好，腹部被毛尿湿，腹部比较膨满。病变主要表现在泌尿生殖系统。肾脏及输尿管肿大而充血，甚至有出血点。膀胱因积尿而膨大，膀胱中有黄豆粒或高粱米粒大的结石，形状多为椭圆形，表面光滑，乳白色或乳黄色。膀胱浆膜面充血出血呈紫红色，切开膀胱有多量浓茶水样尿液流出。膀胱黏膜出血，坏死。

【诊　断】　根据临床症状和病理变化可确诊。

生前诊断：断奶初期发现尿湿的幼龄水貂可以触诊下腹部，如膨满，腹围比较大，叩诊有鼓音则可诊断为结石。

【治疗与预防】　本病无药物治疗方法，一般采取手术治疗方法取出结石。排石很难做到，因结石已在膀胱中形成而且比较大，堵塞了尿道，使尿液潴留导致尿中毒。

水貂进入断奶期要及时调整饲料，给断奶仔貂易消化、新鲜的饲料，多给一些鲜牛奶或奶粉之类的乳品。饲料要稀一点，饮水要充分。也可以在饲料中添加 2%氯化铵,防止钙沉着。每天饲喂 1000单位的维生素 A,饲料中添加充足的微量元素。适当控制含钙饲料,保证充足饮水。乌洛托品 0.2 克、氨苯磺胺 0.1～0.2 克、小苏打 0.2～0.3 克,口服,1 次/天,连用 3 天。双氢克尿塞 0.5 片,口服,1 次/天,连用 3 天。青霉素钠 80 万单位、地塞米松 2 毫克、安痛定 0.5 毫升,混合肌内注射,2 次/天,连用 3 天。

十三、黄脂肪病

本病又称脂肪组织炎,是水貂的脂肪代谢障碍病,临床上以全身脂肪组织发炎、渗出、黄染,肝小叶出血性坏死,肾脂肪变性为特征。

【病　因】　动物性饲料(肉、鱼、屠宰场下杂物)中脂肪氧化、酸败,水貂采食后导致发病。动物性脂肪,特别是鱼类脂肪含不饱和脂肪比较多,极易氧化、酸败、变黄、释放出霉败酸辣味,分解产生鱼油毒、神经毒和麻痹毒等有害物质。这些脂肪在低温条件下也在不断氧化酸败,所以冻存时间比较长的带鱼、油扣子等含脂肪比较高的鱼类饲料更易引起水貂急、慢性黄脂肪病。此外,饲料不新鲜、抗氧化剂维生素添加不足,也可发生本病。

【临床症状】　本病不仅直接引起水貂大批死亡,而且在繁殖季节可导致母貂发情不正常、不孕、胎儿吸收、死胎、流产、产后无乳,公貂利用率低、配种能力差等。仔貂断奶分窝以后,8～10 月份多发,呈急性经过,若发现不及时,可造成大批死亡;老龄水貂常年发生,呈慢性经过,多散发,主要表现尿湿,治疗不及时则造成死亡。一般多为食欲旺盛、发育良好的幼龄貂先发病致死。急性病例突然死亡,大群水貂食欲下降、精神沉郁、不愿活动、腹泻,重者后期排煤焦油样黑色稀便,进而后躯麻痹,腹部或会阴尿湿,常在昏迷中死亡。触诊病貂鼠蹊部两侧脂肪,手感呈硬猪板油状或绳索状。成年水貂多为慢性经过,经常出现剩食、消瘦、不愿活动、尿湿等症状,易与阿留申病混淆。

【病理变化】 尸体剥开皮肤可见皮下脂肪组织黄染多汁,皮下有出血点,淋巴结肿大。胸、腹腔有水样黄褐色或黄红色胸腹水。大网膜和肠系膜脂肪呈污黄色多汁,肠系膜淋巴结肿大,肝脏肿大,呈土黄色或红黄色,质脆易破裂,呈典型脂肪肝。肾肿大、黄染、三界不清。胃肠黏膜有卡他性炎症,附有少量黏液状或褐红色的内容物,直肠有少量煤焦油样黏稠的稀便。

慢性病例尸体消瘦,皮下组织干燥,黄染不明显,肝浊肿,呈粉黄红色或淡黄色,质硬脆,切面组织像不清楚。肾被膜紧张,光滑易剥离,肾实质灰黄色或污黄色,胃肠有慢性卡他性炎症。

【诊　断】 根据临床症状和病理剖检变化可确诊。

【治疗与预防】 发现本病应立即停喂变质霉败的动物性饲料,调整饲料成分,加喂维生素 E。大群水貂应有重点的检查,用手触摸下腹部两侧和鼠蹊部的脂肪肿块(猪板油状或绳索状)的变化或有腹泻症状的,都列为治疗对象。

病貂每天每头分别肌内注射维生素 E 或复合亚硒酸钠维生素 E 注射液 0.5～1.0 毫升,复合维生素 B 注射液 0.5～1.0 毫升,青霉素 1 万单位,持续给药 7～10 天。肉类饲料质量不佳,要加喂一些维生素 E 和硒之类的添加剂,以预防此病的发生。

第八节　水貂中毒病

一、肉毒梭菌毒素中毒

本病是因水貂采食被肉毒梭菌产生大量外毒素污染的肉类或鱼类等动物性饲料而导致其发病。本病没有季节性,一年四季均可发生。突然发生,不分年龄、性别均易感,病死率高达 100%。

【病　因】 肉毒梭菌广泛分布于自然界中,主要存在于腐败变质的肉类、鱼类等饲料中，可以产生大量的外毒素。当水貂等食肉类动物采食后即可发生中毒。本病危害较大，国内外均有发生。自然发病主要是动物采食死鼠等腐尸及被腐败物污染的饲料而感染发病。

【临床症状】　本病潜伏期一般在2小时至1天或几天。发病时间与采食的有毒物质的量有关，采食越多，发病越早，症状也越重。病貂表现精神萎靡，结膜发绀，运动不灵活，躺卧，不能站立，肌肉进行性麻痹，常由后躯向前躯进行性发展，对称性麻痹，反射功能降低，肌肉紧张度降低，出现共济失调或全瘫，体温降低。随病程发展，呼吸困难，流涎或口吐白沫，下颌下垂，吞咽困难，瞳孔散大，视觉、呼吸障碍，大小便失禁，出现血便、血尿，最后昏迷或窒息死亡。少数病例可看到呕吐、腹泻。有的无明显症状即突然死亡，死前呈阵发性抽搐。

【病理变化】　死亡貂尸身营养状况良好，咽喉和会厌表面覆盖黄色麸皮样物，黏膜有点状出血。脑膜及延脑充血、出血。心脏扩张，心包积液。肺充血水肿，呈红色。肝脏表面粗糙不平，色淡黄或土黄。肾脏被膜易剥离，皮质部有出血点或淤血点。脾肿大，淤血、出血，质脆易碎，有大小不一的坏死病灶。胃肠空虚或有少量内容物，胃肠黏膜发生卡他性炎症病变，肠浆膜有出血点。膀胱麻痹，充满尿液。淋巴结充血、质软。

【诊　断】　根据流行病学特点、临床症状和病理变化可初步诊断，进一步确诊需进行实验室检查。

【鉴别诊断】　水貂肉毒梭菌中毒临床症状与伪狂犬病相似。但患伪狂犬病的水貂的瞳孔眼裂缩小，斜视，公貂阴茎麻痹，呼吸困难，在饲喂屠宰场猪的下脚料后3～5天发病，开始病势不猛，经2～3天后死亡迅速增加，到3～4天达最高峰，再经2～3天死亡下降。

【治疗与预防】　由于本病有来势急、死亡快、群发等特点，一般来不及治疗,也无较好的治疗方法。特异性治疗可采用同型阳性血清治疗,效果较好。对症治疗一般采取强心利尿,皮下或腹腔注射5％葡萄糖注射液。

预防应注意饲料卫生检查,自然死亡的动物肉或尸体最好不用,特别是死亡时间比较长的尸体最危险,如果实在要利用一定要经高温煮沸后再用。对发生过本病的疫区要提高警惕,加强消毒措施。貂群可接种肉毒梭菌类毒素,效果较好,一次接种免疫期可达3年之久。最常用的是C型肉毒梭菌菌苗,每次每头注射1毫升。

二、棉籽油、饼中毒

本病是因水貂长期或大量摄入含游离棉酚(毒性成分)的棉籽油或棉籽饼而引起的中毒病,临床上以胃肠炎、贫血和全身水肿为特征。

【病　因】　在棉籽油、饼中含有有毒物质棉酚,由于加工方法不同,会使游离棉酚含量增加,冷榨的游离棉酚含量高,水貂采食后会发生中毒。急性致死的直接原因是血液循环衰竭,亚急性致死是因为继发性肺水肿,慢性中毒死亡多因恶病质和营养不良。

【临床症状】　病貂精神沉郁,食欲逐渐下降,剩食,有的出现呕吐。出血性胃肠炎,血尿,蛋白尿,血红蛋白尿。贫血,全身水肿。心衰,肺水肿。出现视力障碍(夜盲症)和佝偻病(因缺乏维生素A和钙)。大群水貂食欲不振,剩食,不愿活动;有的出现轻度黄染贫血,腹泻;有的排煤焦油样便。母貂发情不好,或不发情。公貂性欲低,配种能力下降等。

【病理变化】　主要是肝脏受损、肿大、增生、硬化、黄染,呈脂肪肝样。腹水增多,呈黄色。胃肠黏膜有卡他性炎症。脾和淋巴结充血出血。心包积水,心内外膜有出血点,心肌和骨骼肌变性。胎儿发育不良,仔貂生命力弱,大小不等。

【诊　断】　根据临床症状、病理变化以及饲料成分,可初步怀疑棉酚中毒,特别是棉籽未经热处理的冷榨棉籽油更为可疑,可进一步检查测定棉酚的含量。

【治疗与预防】　病貂注射 5％葡萄糖注射液和 B 族维生素(复合维生素 B 注射液最好)注射液。同时,应停喂含毒棉籽油或棉籽饼,加速毒物的排出,采取对症治疗的方法。

饲喂棉籽油、饼时,应先经加热处理,去除棉籽油、饼中的毒物后再合理利用。

三、大葱中毒

水貂在繁殖期间,为促进或提高其配种能力,常在饲料中加入一定量的大葱作为催情饲料,如果剂量不当,会引起水貂急性中毒,临床上以血尿和贫血为特征。

【病　因】　大葱超量添加于饲料中可使水貂中毒。正常喂量每只水貂每日饲喂量不要超过 10～15 克,实验证明:水貂每日每只饲喂大葱 30 克以上,可引起慢性中毒,70 克引起急性中毒,90克即可致死。

【临床症状】　急性中毒水貂食欲废绝,排红色或红棕色的尿液,发生溶血性贫血;慢性病例精神沉郁,被毛蓬乱,频频排血尿,站立不稳,全身有节奏的抖动,饮水增加,食欲废绝,两眼紧闭,眼角内有眵,结膜黄白色,发生溶血性贫血。

【病理变化】　急性死亡的病貂营养不良,皮下组织有一定量脂肪沉着,黄染。肝脏肿大,呈土黄色,质地脆弱,切面外翻,流出少量酱油样血液,脂肪性营养不良。肾脏肿大,呈黄褐色,被膜下布满针尖大紫黑色出血斑。

【诊　断】　根据饲料中添加大葱的病史,并结合临床症状可确诊。

【治疗与预防】　一旦发生本病应立即停喂大葱。对病貂采取对症疗法,强心、补液,在饲料中加一定量白糖或一些绿豆水,亦可应用抗氧化剂维生素 E。

四、亚硝酸盐中毒

本病是因水貂食入含过量亚硝酸盐的饲料引起,临床上以腹泻、呕吐和血液呈鲜红色为特征。

【病　因】　青绿饲料,特别是叶菜类饲料堆放或浸泡时间过长,其中的硝酸盐会转变为亚硝酸盐,饲喂水貂后引起中毒。亚硝酸盐可引起急性中毒,慢性中毒和致癌。

【临床症状】　中毒水貂表现为突然死亡,白色水貂皮肤呈青色,可视黏膜发绀。四肢无力、步态摇晃,流涎、腹痛、腹泻和呕吐。血液褐变,凝固不良。神经系统功能紊乱,肌肉战栗,步态摇晃,全身痉挛,角弓反张,死前有阵发性惊厥,蹦跳而死。也可出现流产、虚弱、分娩无力、受胎率低、步态拘谨、发育不良、增重慢等症状。

【病理变化】　特征性变化是血液呈黑红色或咖啡色,似酱油样,凝固不良,暴露空气后,经久不转化成鲜红色,胃肠黏膜充血,肝脏淤血肿大,其他器官黏膜有小出血点,全身血管扩张。

【诊　断】　根据水貂有采食不新鲜蔬菜或青绿饲料的病史,结合临床症状,剖检血液凝固不全,呈黑红色或咖啡色,暴露空气后经久不转变成鲜红色,可初步确诊该病。进一步确诊需进行实验室检查。

【鉴别诊断】　亚硝酸盐急性中毒的临床症状与氢氰酸中毒类似,但后者中毒初期血液呈鲜红色(需要注意的是,氢氰酸中毒的后期血液亦呈暗红色),为了鉴别,可取血用分光镜检查高铁血红蛋白,其吸收光带在 617～630 纳米处,加入 1‰氰化钾 1～2 滴后,吸收光带消失。

【治疗与预防】　临床上用特效解毒药 1‰美蓝溶液,静脉注射,每千克体重 1 毫升,每日 1 次,连续 3～5 次即可治愈。

平时做好菜类的采摘、运输和堆放等管理工作。勿乱扔、乱踩，运输越快越好。堆放时，摊开散放。煮时要急火、大火快煮，凉后即喂，不要小火焖煮。对堆放发热变黄的叶菜类应弃之不用。

五、毒鱼中毒

本病是指水貂采食毒鱼而发生中毒，临床上以消化紊乱、中毒和后躯麻痹为特征。

【病　因】　水貂采食河豚，繁殖期的青海湟鱼和新捕捞的巴鱼及一些鱼卵可引起中毒。

【临床症状】　开始少数水貂食欲不振，剩食，进而出现大批剩食，消化紊乱，精神萎靡，中毒，不愿活动，喜卧，后躯麻痹等症状。急性中毒只能看到神经症状，抽搐而死。幼龄貂比老龄貂中毒严重。如果发生在妊娠期后果更严重，可造成妊娠中断，出现死胎、烂胎现象。

【诊　断】　根据有饲喂毒鱼的病史并结合临床症状可初步确诊。

【治疗与预防】　发现中毒貂应立即停喂含有毒鱼的饲料，调整饲料成分，饲喂新鲜无毒、适口性好的动物性饲料。中毒较重的病貂采取强心补液等对症治疗措施。

饲喂海杂鱼的养貂场，要尽量把河豚之类的毒鱼挑拣出来。喂青海湟鱼要熟喂。新捕捞上来的青鱼和巴鱼要贮存一段时间，使其所含的一些酶类熟化、衰败，毒性消失后再喂。

六、食盐中毒

本病是因水貂采食的饲料中食盐含量过高所致，临床上以神经症状和消化紊乱为特征。

【病　因】　剂量计算失误，或者加量不准，调料不认真，添加食盐时不按规程执行，不用衡器称量而凭经验估计导致加量失误；

饲料中含盐量多,而添加食盐时没有计算在内;饲料中含盐量高,脱盐不彻底(有的鱼粉含盐量高),貂群饮水不足等,都能造成食盐中毒。

【临床症状】 中毒貂神经系统受到损害,表现神经症状。

【病理变化】 尸僵完整,口腔内有少量食物及黏液,肌肉呈暗色。主要变化是胃肠道黏膜充血和肥厚,肺、肾及脑血管扩张、充血。个别病例心内膜、心肌、肾及肠黏膜有出血点。

【诊　断】 根据食盐饲喂病史及临床症状可初步诊断。

【治疗与预防】 发现中毒后应立即停喂现有饲料,加强饮水(少量多次给水)。对不能饮水的水貂,可用胃管给水。为了维持心脏功能,可注射强心剂,皮下注射 10%～20%樟脑油 0.12～0.15 毫升,也可皮下注射 5%葡萄糖注射液 5～10 毫升。为缓解脑水肿,可皮下多点注射高渗葡萄糖溶液。为了促进毒物的排除,可用双氢克尿塞和液状石蜡。为缓和兴奋性和痉挛发作,可用溴化钾或硫酸镁注射液解痉。

预防应严格掌握饲料中食盐的添加量和标准,剂量要准确。饲喂海杂鱼和淡水鱼时,添加剂量要有区别。饲料搅拌要均匀。往饲料里加盐最好用盐水(计算好浓度),容易搅拌均匀,减少中毒的危险。食盐量高的鱼粉或鱼制品要经浸润脱盐。

七、有机氯杀虫剂中毒

本病是因水貂采食被有机氯杀虫剂污染的饲料和饮水而引起的中毒性疾病,临床上以神经症状为特征。

【病　因】 引起水貂中毒的有机氯农药种主要有碳氯灵、狄氏剂、异狄氏剂、艾氏剂、硫丹、毒杀芬、开蓬、六六六(已禁生产)、滴滴涕(禁止使用)、七氯、氯化松节油、氯丹等。由于饲料、饮水被污染,水貂误食、误饮而中毒。饲养场周围果树喷农药灭虫,挥发出的药味,特别是熏烟剂,常引起水貂中毒。在治疗体表寄生虫时,由于涂药的面积过大,皮肤吸收或舔食被毛而中毒。有机氯杀虫剂的残毒较强,近年来,国内外都先后控制或停止生产残毒毒性较高的有机氯杀虫剂品种。

【临床症状】　水貂主要表现兴奋性增强。兴奋性增强的程度与中毒的程度、个体反应功能等因素有直接关系。急性病例神经症状明显,发生频繁,且持续时间较长者,病期多半较短,1～2 天死亡。可视黏膜发红,呼吸困难,伴有不同程度的发绀、卧立不安、惊慌、乱碰乱撞,行动不自主,不时地出现阵发性全身痉挛。一旦发作,多突然摔倒在地,呈现角弓反张姿势,四肢乱蹬,眼睛频频闪动,这些症状可多次反复发作,其间歇期越短,则表示病情越重,或已到后期。有的病例在发作期,常因呼吸困难衰竭而死。

慢性病例,症状不甚明显,精神不佳,逐渐消瘦,食欲减退。因为滴滴涕、六六六都有明显的蓄积作用,所以也有突然发作的病貂,局部肌肉震颤,四肢运动不灵活、不协调,衰弱无力。有的出现后肢麻痹,不能站立,慢性胃肠卡他性类症、体温升高、呼吸急促等症状相继发生。神经症状不甚明显者和慢性病例,大多数病貂病程长达 10 天左右,预后不良,如果能及早排除毒物,预后良好。轻者精神沉郁,食欲多半废绝,局部肌肉(例如肘后、股部等肌肉)震颤,眼睑闪动,呆立不动。

【病理变化】　病程长的慢性病例病变明显,体表淋巴结肿大、水肿,各器官黄染。肝脏肿大,质地较硬,肝小叶中心坏死,胆囊肿大。脾脏大 2～3 倍,质地变硬。肾肿大,包膜剥离困难。胃黏膜充血,肠黏膜出血,卡他性炎症。

【诊　断】　根据病史临床症状和病理变化可确诊,在必要情况下应进行实验室化验。

【治疗与预防】　首先应断绝毒物继续进入动物体的各种可疑途径(如饲料、水或其他可疑的线索)。经消化道中毒者,可催吐、洗胃、缓泻等。经皮肤中毒者,应立即用清水或碱水(当六六六、滴滴涕中毒时)彻底清洗体表,尽早除掉附在毛上的毒物,以防继续吸收。为缓解中毒,促进毒物及时排除和增强机体抗病能力,可选用生理盐水、复方氯化钠、葡萄糖注射液,大量输液。缓解痉挛,可用镇静剂。此外,还可考虑应用强心剂。禁用肾上腺素制剂,因有机氯毒性作用下的心脏,对肾上腺素非常敏感,易诱发心室颤动,促使病情加重。

农药应放在专用库房,不得与饲料同库共贮。喷洒过有机氯杀虫剂的蔬菜类、农作物、牧草等,在1个半月之内禁用。用于治疗外寄生虫病时,应遵守规定浓度、用量和用法,严禁滥用。

八、有机磷杀虫剂中毒

本病是水貂误食有机磷杀虫剂,或食入有机磷杀虫剂污染的饮水和饲料而引起的中毒性疾病,临床上以流涎、腹泻和肌肉痉挛等为特征。

【病　因】　有机磷杀虫剂是一类毒性较强的接触性农药,动物中毒的主要由消化道引起的、少数病例是经过皮肤吸收或呼吸道引起中毒。水貂采食或误食喷洒过有机磷杀虫剂不久的蔬菜、牧草等,特别是食入喷药后未被雨水冲刷过的饲料,中毒更为严重。用敌敌畏灭蝇,致使室内饲料加工用具受到污染,而造成大批水貂死亡和中毒。误食拌过或浸过有机磷杀虫剂的种子,水源被有机磷杀虫剂污染,违反使用、保管有机磷杀虫剂的安全操作规程。在同一库房保存农药和饲料,或在饲料库内配制农药、拌种等,也可引起中毒。

【临床症状】　水貂中毒时,病初胸前、会阴出汗,很快全身出汗。体温多升高,呼吸困难。呼吸迫促,流涎,口吐白沫,全身无力。精神兴奋,前冲后退,无目的奔跑,狂躁不安,以后高度沉郁,甚至昏迷。眼球震颤,瞳孔缩小。全身肌肉痉挛、震颤,重则抽搐,角弓反张,或做游泳动作。口腔湿润或流涎,腹痛不安,肠音增强,肛门松弛,并排出带有黄绿色的稀便。有的后躯麻痹,尿失禁,甚至排粪失禁,有时出现血便或黏液样便。最后痉挛而死。病初严重病例心跳急速,脉不感手,常常伴发肺水肿,有的因窒息而死。

【病理变化】 经消化道急性中毒者,胃肠内容物具有有机磷杀虫剂的特殊气味(马拉硫磷、甲基对硫磷、内吸磷等中毒胃肠内容物为蒜臭味,对硫磷中毒为韭菜味和蒜味,八甲磷中毒为胡椒味)。气管内常有白色泡沫存在。肺充血,肿大。心内膜有形状整齐的白斑。肝、脾肿大。肾脏混浊肿胀,被膜不易剥离,切面为淡红色,三界不清。胃肠黏膜充血、出血、肿胀,并多半呈暗红色或暗紫色,黏膜层易剥脱。

亚急性病例,各实质器官发生混浊肿胀,肺淋巴结肿胀、出血。肝发生坏死;胆囊肿大出血。胃肠黏膜发生坏死性炎症,肠系膜淋巴结肿大,黏膜下和浆膜有散在的出血点和出血斑。

【诊 断】 根据有机磷农药接触病史和临床症状,并结合尸体剖检时消化道内容物散发蒜臭味的特征,可初步诊断为有机磷农药中毒。紧急时可做阿托品治疗性诊断。通过对全血胆碱酯酶活力测定,化验室检查饲料、饮水、胃内容物及尿液可确诊。

【治疗与预防】 立即停止喂、饮可疑有机磷污染的饲料和水,并将水貂转移到通风良好的未发病笼舍或适宜的地方。经皮肤或口中毒者,立即应用微温的1％肥皂水或4％碳酸氢钠溶液洗涤皮肤,灌服或洗胃,灌肠。因多数有机磷脂类均易在碱性溶液里分解失效,故可用1％醋酸(或食醋)洗涤皮肤,然后用清水冲洗或洗胃、灌服。注意对硫磷中毒严禁用高锰酸钾溶液洗胃,因其能使对硫磷氧化成毒性更强的对氧磷。防止毒物继续吸收,促进毒物排出。灌服人工盐,也可以达到缓泻之目的,严禁用油类溶剂,尤其不能用各种植物油类。常用等渗葡萄糖生理盐水注射液,复方氯化钠注射液或5％葡萄糖注射液,大剂量注射。为防止发生肺水肿,输液速度不宜过快(或采取先快后慢的办法)。目前,应用在兽医临床上的特效解毒剂主要为阿托品,另一类为胆碱酯酶复活剂,如解磷定、氯磷定、双解磷等。

认真保管好杀虫药,喷洒过杀虫药的场地7天之内水貂不得进入。喷洒过杀虫药的蔬菜不得饲喂水貂。严格按规定的剂量使用有机磷杀虫剂治疗动物寄生虫病和灭蝇除蛆。

九、磷化锌中毒

本病是因水貂食人磷化锌污染的水或饲料而引起的中毒性疾病,临床上以消化不良、呼吸困难、腹痛为主要特征。

【病　因】　水貂主要因误食毒饵或污染磷化锌的饲料,或误食磷化锌中毒的鼠尸及中毒死亡动物的胃肠内容物,以及人为投毒等而中毒。

【临床症状】　水貂食人磷化锌后,常在15分钟至4小时之内,出现中毒症状。首先表现厌食和昏迷、呕吐和腹痛。呕吐物有蒜味,在暗处可呈现磷光。病貂有时发生腹泻,排泄物中混有血液,亦具有磷光。病貂呼吸迫促,有时有喘鸣声或鼾声。全身衰弱,共济失调,心跳缓慢,尿中有红细胞、蛋白和管形(又称尿圆柱)。病貂初期有过敏症状,痉挛发作,呼吸极度困难,张嘴伸舌,昏迷而死。水貂中毒后多在3～4小时死亡。幸存水貂约需1周方可恢复。

【病理变化】　肺脏显著充血,间叶水肿,胸膜出血、渗血。肝、肾极度充血。亚急性病例肝脏苍白有黄斑,胃内容物有蒜味,消化道黏膜充血、出血和黏膜脱落。

【诊　断】　根据接触磷化锌的病史,结合临床症状(如呕吐物有大蒜样臭味、呕吐物或粪便在暗处发磷光等)及病理变化可初步诊断。通过对胃肠内容物或呕吐物进行检验可确诊。

【治疗与预防】　磷化锌中毒尚无特效疗法,主要采用强心、利尿、补液等支持疗法。病初可用5％碳酸氢钠溶液洗胃,亦可灌服

0.2%～0.5%硫酸铜溶液。为制止酸中毒,可静脉注射葡萄糖酸钙或葡萄糖酸钠溶液。静脉注射10%硫代硫酸钠溶液,进行解毒。亦可静脉注射等渗葡萄糖溶液进行解毒。

预防应加强毒鼠药的保管使用,冷库、饲料库、饲料加工车间,不得用毒鼠药灭鼠,对毒饵及中毒死亡的鼠尸及时进行处理。

十、铅中毒

本病是因水貂长期处于铅暴露环境中,导致过量的铅在体内蓄积,引起神经系统、造血系统、消化系统、泌尿系统和心血管等系统损伤的中毒性疾病。临床上以神经功能紊乱、胃肠炎和贫血为特征。

【病　因】　水貂因食入或吸入含铅物质而引起中毒。水貂食入刚喷洒过含铅农药的蔬菜,饲养场附近炼铅厂排出含铅废气被水貂吸入,在公路两侧种植的蔬菜或牧草被汽车排放的尾气污染,舔舐刚刷过铅油的笼子或小室(产箱),均可引起中毒。

【临床症状】　铅中毒分为急性和慢性铅中毒,主要表现神经症状与消化功能紊乱。

1. 急性铅中毒　多数水貂呈现神经症状,多见步态摇晃,转圈,头颈震颤,口吐白沫,咬牙,感觉过敏,尖叫,惊厥,次日突然死亡,有时看不到症状就突然死亡。

2. 慢性铅中毒　水貂呈现精神沉郁,厌食,流涎,腹泻,妊娠中断,流产,死胎,幼龄水貂生命力弱,产仔率下降。

【病理变化】　急性中毒死亡的水貂主要表现胃肠炎,肝脏色淡,肝小叶变性,脂肪性营养不良。肾出血,充血。慢性铅中毒死亡的水貂呈现营养不良,血液稀薄。脑水肿,大脑皮层中度充血。心脏扩张。肝脏质脆,呈红黄色,十二指肠及胃黏膜脱落或有大小不等的溃疡灶。肾脏变性,肾小球囊增厚变性,肾小管上皮细胞变性,有明显抗酸性核内包涵体。慢性病例为肌肉苍白或呈煮肉样,皮下、气管黏膜出血,角膜炎和眼球出血等。层状脑皮质坏死,内皮核星形细胞增生,小神经胶质细胞积聚,软脑膜有部分伊红细胞浸润,核内有抗酸性包涵体。胸腺出血,膀胱炎。

【诊　断】　根据水貂接触铅或含铅日粮病史,结合消化、神经功能障碍和贫血等症状可初步诊断。饲料、血液、被毛、肝脏、肾脏和骨骼中铅含量的分析可为本病确诊提供依据。

【治疗与预防】　铅中毒尚无特效疗法。急性中毒时,立即用10%硫酸钠洗胃,也可内服蛋清水或牛乳、豆浆等,之后再应用盐类泻剂,也可用催吐剂催吐,以促进铅排出。慢性中毒时应内服碘制剂。口服依地酸钙钠有较好的缓解铅中毒效果。

预防铅中毒应禁止水貂与铅或铅的化合物接触,禁止笼子和小室内涂铅油,其他饲料用具也不要涂铅油,禁止饲喂被铅污染的饲料。

十一、龙胆紫醇溶液中毒

本病是应用龙胆紫醇溶液处理水貂的外伤不慎而发生的中毒性疾病,临床上以呕吐、流涎交替和神经症状为特征。

【病　因】　在处理水貂的外伤时,为了使创面干燥和预防感染而在伤口部位涂抹龙胆紫醇溶液。但是水貂对龙胆紫溶液比较敏感,易引起中毒。

【临床症状】　病貂呼吸困难,拒食,口渴、饮水量增加,呕吐、流涎交替出现。粪便呈黑黄色或煤焦油样,尿液深黄。后期黏膜发绀,肛门部皮肤糜烂。严重者呈现神经症状。

【诊　断】　根据临床症状并结合使用龙胆紫溶液的治疗史可确诊本病。

【治疗与预防】　发现中毒时应立即冲洗掉伤口周围的龙胆紫醇溶液,并肌内注射0.3毫升25%尼克刹米进行强心。也可口服0.1%高锰酸钾溶液5.0～10毫升。氧化镁1份,鞣酸蛋白1份,药用炭1份,混合,每只每次口服1克。20%葡萄糖溶液5.0~10毫升,维生素 B_1 注射液1.0~2.0毫升,维生素C注射液1.0~2.0毫升,混合后分点皮下注射。

治疗水貂外伤应禁用龙胆紫醇溶液。

十二、青链霉素合剂中毒

本病是在临床实践中应用青链霉素合剂治疗水貂疾病时而发生的中毒性疾病,临床上以过敏性死亡为特征。

【病　因】　治疗水貂疾病时注射青链霉素合剂是导致中毒病发生的主要原因。

【临床症状】　水貂发生过敏反应而导致死亡。

【诊断】　根据临床症状,结合有使用青链霉素的治疗史即可确诊。

【治疗与预防】　治疗水貂疾病时禁止使用青霉素和链霉素的混合液进行注射。应将青霉素和链霉素分开注射,对疾病进行治疗,以避免发生中毒。

对中毒貂静脉注射5%氯化钙,1.6毫升/千克体重。

第九节　水貂普通病

一、胃肠炎

本病是水貂胃黏膜的急性卡他性炎症,临床上以胃肠功能紊乱和不同程度的自体中毒为特征。

【病　因】　饲养管理不当,饲料质量不佳,采食有害物质(磷、砷、铅等),病原微生物的侵袭(巴氏杆菌、副伤寒、犬瘟热、钩端螺旋体、传染性肝炎等)等,均可导致本病。

【临床症状】　因病因而异,食欲不振、剩食、吃跳食(即有时吃,有时不吃)、呕吐,胃黏膜炎症程度越重,则呕吐次数越多,开始时吐出食糜,后则吐出泡沫样黏液和胃液;病变严重的可吐出混有血液、胆汁的黏膜样碎片。粪便呈黑色,犹如烟袋油样或带血。

【诊　断】　根据临床症状可初步诊断。

【治疗与预防】　如果发病率较高,应改善全群的饲料质量和卫生状况,如果是散发,就调整个别水貂的日粮,给予一些营养丰富、易消化、适口性强的肉、鱼、蛋等,投给消炎健胃的药品,增加维生素 C 和 B 族维生素的补给。

二、仔貂消化不良

本病是指哺乳仔貂发生腹泻,临床上以排黄色稀便为特征。世界各地都有发生,多发生于刚睁眼的仔貂。

【病　因】　主要是母貂肠道疾患或乳腺疾病引起乳质不佳或不足,从而导致 1 周龄内仔貂发生腹泻。仔貂消化功能很脆弱,在有害变质的乳汁和不良因素的影响下,很容易发生消化功能障碍,如用劣质饲料饲喂泌乳母貂,小室内垫草不足、潮湿不卫生、污染母貂的乳头等,均可导致仔貂发病。

【临床症状】　仔貂腹部不饱满,叫声异常,肛门污染稀便,粪便液状,呈灰黄色,含有气泡。

【病理变化】　肠管内有大量黄色液状内容物。胃内有食物残渣或凝乳块,充满气体。肠壁薄。肝脏常常呈黄色。

【诊　断】　根据临床症状和病理变化可初步确诊。

【治疗与预防】　本病虽然病死率不高,但应注意护理治疗,否则,也会造成仔貂死亡。首先根据病情对泌乳母貂进行适当的治疗。一般可通过母貂给药,即给泌乳母貂饲料中加入一定量的药物,通过母乳转给仔貂,达到治疗和预防的目的。预防应加强母貂泌乳期饲养,保证给予优质、全价、易消化的饲料,注意产箱的卫生和垫草的更换,特别是仔貂开始吃食以后,要及时清除箱内的剩食和粪便。

三、幼貂胃肠炎

幼貂胃肠功能很弱,由吃母乳改为吃混合料时,很容易引起胃肠炎发生腹泻,出现大批死亡,临床上以腹泻为特征。多发生于刚断奶的幼貂。

【病　因】　饲料质量不佳,新鲜程度不好,日粮比例不当,调制方法不合理,应激反应,卫生条件不良等,都可引起肠道菌群失调,导致腹泻。

【临床症状】　病初病貂精神沉郁,可视黏膜苍白贫血,眼球塌陷,被毛焦燥,弓腰蜷腹,食欲减退。粪便不正常,出现腹泻,肛门及会阴被稀便污染。有时出现呕吐,呈里急后重,严重者可出现脱肛现象。

【病理变化】　尸体消瘦,可视黏膜苍白。急性经过者,胃肠黏膜有出血点或条状出血。肝脏浊肿,质地脆弱,捏之易碎。慢性经过者,肠壁菲薄。

【诊　断】　根据临床症状及病理变化,可以作出初步诊断。

【治疗与预防】　貂群出现腹泻时,应对全群投药预防,诺氟沙星效果较好。治疗应选用庆大霉素、卡那霉素、琥珀氯霉素、乳酸环丙沙星、黄连素、磺胺脒等,结合维生素 B_1 或复合维生素 B 注射液,对病貂注射或口服进行治疗。

避免幼貂采食剩食,及时清洗消毒食具,保持貂舍内良好卫生,定期消毒,防止过食。

四、急性胃扩张

本病是水貂采食之后发生胃扩张的疾病,临床上以腹围增大和腹壁紧张为特征。

【病　因】　本病多发生于夏季,仔貂断奶以后,由于剩食而造成急性胃扩张。饲料质量不佳,酸败,饲料加工防腐不当,未经无害处理(高温煮沸),使轻度变质的饲料进入胃肠内异常发酵,产酸产气造成胃扩张。饲料中某种成分应高温处理而没处理,如生酵母应熟喂,生喂水貂易产生异常发酵造成胃扩张。过食,仔貂断奶分窝以后食欲特别旺盛,不管饲料好坏都吃,若食入质量不佳的混合料,容易在胃内产气,特别是炎热的夏季,最易发生这种病。继发于传染或普通胃肠炎,水貂伪狂犬病胃扩张最为明显。

【临床症状】 水貂采食后几小时之内即出现腹围增大,腹壁紧张性增高,运动减少或运动无力。腹部叩诊有明显鼓音,病程进展比较快。患貂出现呼吸困难,可视黏膜发绀,胃穿刺有多量甲烷气排出。若抢救不及时,很易自体中毒,窒息或胃破裂而死。当胃破裂时,气体游离到皮下组织内,触诊时有捻发音。

【病理变化】 病尸营养状态良好,腹围明显增大,可视黏膜发绀,有时从口腔中流出胃内的液体,腹壁紧张;皮下及黏膜充淤血、暗紫色;胃壁很薄,切开胃内有大量气体排出,胃内容物酸臭。胃破裂时在皮下组织有多量气体蓄积,在腹腔内有胃内容物,污秽不洁,有食物颗粒。肺通常充血,水肿。

【诊　断】 根据临床症状和病理变化,可初步确诊。

【治疗与预防】 急性胃扩张抢救不及时很容易死亡。因此发现该病后应以最快速度进行抢救。治疗使用鱼石脂酒精加液状石蜡(也可用食用油),再加普鲁卡因及稀盐酸胃内注入(鱼石脂 0.5克,95%酒精 3 毫升,液状石蜡 5 毫升,水 7 毫升,普鲁卡因 25 毫升,10%稀盐酸 3 毫升,混合均匀)。注入方法:先用消毒过的 9 号针头穿刺胃内,缓缓放气(不要放得太快,以免休克),待气体排完后将吸有上述药液的注射器与穿刺针头结合好,将药液注入胃内。待病貂症状缓解后,应禁食 24 小时之后给予流食,并控制饮水。

严格执行兽医卫生管理制度,不使用易发酵或质量不好的饲料,饲料中的酵母和谷物一定要熟制,不能生喂。笼内、小室、食板、食盆要清洗干净,清除笼内残余的饲料,适时单养。

五、感 冒

本病是水貂受寒不均引起的防御适应能力性反应,是全身反应的局部表现,是引起很多疾病的基础。本病多发生于雨后早春、晚秋,季节交替、气温突变的时候。

【病 因】 气温骤变,使动物体发生一系列病理生理变化,是感冒的最根本原因。

【临床症状】 病貂表现精神不振。食欲减退,两眼湿润有泪,睁得不圆,鼻孔内有少量水样的鼻液,皮温升高,足掌有热,鼻镜干燥,剩食,不愿活动,多卧于小室内。

【诊 断】 根据临床症状可作出初步诊断。

【治疗与预防】 多用解热镇痛剂安痛定注射液,为促进食欲,可用复合维生素 B 注射液或维生素 B_1 注射液。为防止继发症,可用青霉素等广谱抗生素。

平时要加强饲养管理,增强水貂机体抵抗力;防止水貂突然受凉,气温骤变时,采取防寒措施。

六、急性卡他性鼻炎

本病是水貂鼻黏膜发生的急性表层炎症,临床上以鼻黏膜充血和流鼻液为特征。

【病 因】 原发性急性鼻卡他性鼻炎是单纯由感冒所引起的疾病。多发生在秋末、冬季和春初,尤以幼弱的动物易得。过敏性鼻炎是由粉尘、烟雾、花粉、真菌、农药、氨气、生石灰等异味刺激,及机械损伤引发。继发性鼻卡他多伴随其他疾病而发生,例如犬瘟热病、鼻疽病、兔巴氏杆菌性鼻炎等都有鼻黏膜变化。

【临床症状】 发病初期鼻黏膜充血,水肿,流出浆液、黏液性或脓性鼻液,频繁打喷嚏、摆头,并以前肢摩擦鼻子,病程一般 1～

7天,症状逐渐消失,减轻,最后痊愈。

【诊　断】　根据临床症状可作出初步诊断。

【治疗与预防】　加强貂场的卫生管理,及时除掉粪尿,笼下地面不要有过多的尿液蓄积,以免产生多量的氨气等有害气体。地面用生石灰粉消毒时,要在低处撒于地面上,不要扬,以免扬起石灰粉尘对水貂发生危害。

原发性卡他性鼻炎的治疗参考感冒的治疗,继发性卡他性鼻炎应治疗原发病,同时采取对症治疗。

七、气管炎

本病是水貂的喉头、黏膜气管和支气管发生的炎症,临床上以鼻流黏液和咳嗽为特征。

【病　因】　幼小动物体质弱,营养状况不好,饲养管理不当可引发本病。寒冷潮湿、气温突变、浓雾天气的影响,有害气体的刺激,肺部疾患的波及等也可引起本病。

【临床症状】　急性气管炎病貂呈现精神沉郁,战栗,食欲减退,脉搏频数。呼吸困难,气喘,高热,频频发咳,开始时干咳痛感,随着病程的发展变为湿性咳嗽。当细支气管受侵害时,开始干性弱咳。鼻孔流出水样液体、黏液或脓性鼻液。

【诊　断】　根据临床症状和实验室检查可确诊。

【治疗与预防】　改善饲养管理,饲喂新鲜全价易消化的饲料,注意通风,保持安静。对病貂青霉素肌内注射,10万~20万单位,每日注射2~3次,同时肌内注射维生素B_1和维生素C注射液,每次1.0~2.0毫升,每日1次。痰多时,可口服氯化铵,每次0.05~0.1克。

八、小叶性肺炎

本病是指水貂肺小叶或小叶群的炎症,临床上以弛张热、叩诊呈浊音和听诊啰音为特征,各种动物均可发生,而以幼弱及老龄动物多发,早春、晚秋气候多变的季节尤为多发。

【病　因】　多为感冒和支气管炎发展而来,多由呼吸道微生物——肺炎球菌、大肠杆菌、链球菌、葡萄球菌、绿脓杆菌、真菌、病毒等引起。但应强调的是水貂小叶性肺炎与其他动物一样,当机体抵抗力下降或支气管黏膜炎症、血液和淋巴循环紊乱等诱因影响下才会发病。过度寒冷,小室保温不好,引起幼貂感冒,貂棚内通风不好、潮湿、氨气浓度过大都会促进本病的发生发展。不正规的投药误咽引起异物性肺炎,犬瘟热病和巴氏杆菌病都可继发本病。饲养管理不正规和饲料不全价都可导致动物抵抗力下降,引发小叶性肺炎。

【临床症状】　病貂常卧于小室内,蜷曲成团。呼吸困难,呈腹式呼吸,每分钟呼吸达 60～80 次。精神沉郁,鼻镜黏膜潮红或发绀,流出黏液性分泌物。胸部叩诊时部分肺有小浊音区,而大部分肺有清晰的鼓音。听诊时在病灶部分呼吸音减弱,可听到捻发音。体温高至 39.5～41℃,弛张热(炎症蔓延时体温升高,炎症消退时体温降低),食欲废绝。幼龄仔貂多半呈急性经过,看不到典型症状,叫声无力,长而尖,吮吸能力差,吃不到奶,腹部不膨满,很快死亡。成年貂也有此病发生,多数由于不坚持治疗而死亡。病程8～15 天,治疗不及时病死率很高。

【病理变化】　急性经过的尸体口角有分泌物,胸腔剖开,肺充血、出血,尤以尖叶为最明显,肺小叶之间有散在的肉变区(炎症区),切面暗红色有血液流出,支气管内有泡沫样黏液。心扩张,心室内有多量血液。胸腔有出血性渗出。

【诊　断】　根据临床症状及病理变化可作出初步诊断。本病需注意与大叶性肺炎进行鉴别诊断。

1. 小叶性肺炎　病貂表现弛张热,短钝痛咳,胸部叩诊局限性浊音区,听诊有捻发音,肺泡音减弱或消失。

2. **大叶性肺炎** 病症突然发生,病貂表现持续性高热(稽留热),严重咳喘,流铁锈色鼻液,剖检时全肺有红灰相间的肝变区。

【治疗与预防】 本病的治疗原则是加强饲养管理,抑菌消炎,祛痰止咳,制止渗出和促进渗出物的吸收与排除。应用抗生素和磺胺类药物如青霉素、氨苄青霉素、链霉素、庆大霉素、阿莫西林、复方新诺明、诺氟沙星、环丙沙星、氧氟沙星、磺胺嘧啶等均可。祛痰止咳可用复方甘草合剂、可待因、氯化铵、远志合剂等。制止渗出和促进吸收,可静脉注射葡萄糖酸钙3～5毫升。

九、大叶性肺炎

本病是指肺脏的一个大叶,甚至一侧肺脏或全部肺脏的急性炎症过程,支气管及肺泡内充满大量纤维蛋白渗出物,故又称为纤维素性肺炎,临床上以高稽留热、铁锈色鼻液、肺部广泛浊音区为特征。

【病 因】 一般分为感染性和非感染性2种。感染性主要由肺炎双球菌、巴氏杆菌及链球菌引起。此外,动物体内源、外源的病原微生物,如绿脓杆菌、大肠杆菌、坏死杆菌、沙门氏菌、霉形体、肺炎球菌、葡萄球菌等对本病的发生也起着重要作用。非感染性主要是水貂受寒感冒、通风不良、吸入刺激性气体、长途运输等应激因素诱发。

【临床症状】 水貂突发持续性高热,呈稽留热。体温高达40～41℃,一般持续6～9天。呼吸困难,咳嗽短促,痛感而频发,3～4天有铁锈色鼻液流出。听诊时脉搏快而紧张,呼吸频数,严重气喘,间歇性痛咳,整个肺脏有湿啰音。叩诊时整个肺脏呈现浊音区(病灶有渗出物)。

【诊 断】 根据临床症状和实验室检查可初步诊断。

【治疗与预防】 参考小叶性肺炎。

十、尿　湿　症

本病是指水貂泌尿系统疾病的一个症候,而不是单一的疾病。有很多疾病出现尿湿,如肾炎、膀胱炎、尿结石、阿留申病、黄脂肪病等都出现尿湿症。

【病　因】　由于饲养管理不当、饲料不佳引起的代谢病和泌尿器官的疾病原发或继发尿湿症。

【临床症状】　病貂主要症状是尿湿,公貂下腹部及脐部尿湿,母貂会阴部及股内侧被毛尿湿,严重的尿湿部位脱毛,皮肤湿疹、潮红。继发阿留申病和黄脂肪病的病貂表现可视黏膜苍白,贫血。重者也有全身症状,如食欲减退、精神沉郁等,排尿尿流不直射,尿淋漓,走路蹒跚。如不及时治疗原发病,病貂将逐渐衰竭而亡。此病多发生于 40～60 日龄幼貂。

【诊　断】　根据临床症状可确诊。

【治疗与预防】　根据原发病进行对症治疗和病因疗法。为防止感染可以应用抗生素类的青霉素、土霉素等,如果病貂有黄脂肪病,应用复合亚硒酸钠维生素 E 注射液,剂量根据说明书使用,连用 3～7 天。为促进食欲,每天肌内注射 1.0～2.0 毫升维生素 B_1 注射液。局部用 0.1% 高锰酸钾溶液冲洗尿渍,并将毛擦干,勤换垫草,保持窝内干燥。

十一、流　产

本病是水貂妊娠中后期妊娠中断的一种表现形式,是水貂繁殖期的常见病。

【病　因】　饲养管理不当,如饲料不全价、不新鲜、轻度发霉变质、成分突变,大群拒食,外界环境不安静等诸多因素,都可引起流产。妊娠中、后期由于胎儿比较大,胎儿死亡,母体不能吸收,也表现流产。

【临床症状】 母貂多发生隐性流产,看不到流产胎儿,但有时在笼网的地面上能看见残缺的胎儿,恶露。剩食,食欲不好。

【诊　断】 根据临床症状可作出初步诊断。

【治疗与预防】 对已发生流产的母貂,要防止子宫内膜炎和自体中毒。可肌内注射青霉素,10万～20万单位,每天2次,连续3～5天;食欲不好的注射复合维生素B或维生素B₁注射液,肌内注射1.0～2.0毫升。对不全流产的母貂,设法防止继续流产和胎儿死亡,可肌内注射1.0～2.0毫升复合维生素E注射液,1%孕酮0.1～0.2毫升。

在整个妊娠期饲料要保持稳定、新鲜、全价、卫生。貂场内要保持安静,防止鞭炮声等意外惊扰,防止其他动物进场。

十二、难　产

本病是母貂在无辅助分娩的情况下,分娩发生困难,不能将胎儿顺利娩出体外的疾病。

【病　因】 雌激素、垂体后叶素及前列腺素分泌失调,妊娠貂过度肥胖或营养不良,产道狭窄、胎儿过大、胎位和胎势异常等,都可导致难产。

【临床症状】 母貂已到预产期并出现了产仔预兆,时间超过24小时仍不见产程进展。母貂表现不安,来回走动,呼吸急促,不停地进出产箱,回视腹部,努责,排便,有时发出痛苦的呻吟,后躯活动不灵活,两后肢拖地前进,从阴部流出分泌物,病貂不时地舔舐外阴部,有时钻进产箱内,蜷曲在垫草上不动,甚至昏迷,不见胎儿产出。

【诊　断】 根据预产期母貂的临床症状可作出初步诊断。

【治疗与预防】 对于胎位异常的母貂,需要通过人工助产,然后注意给母貂注射葡萄糖、维生素C等补充体液。先用消毒药液做外阴部处理,然后将胎位导正,再用甘油作阴道内润滑剂,将胎儿缓缓拉出。如果母貂产仔时间过长,就应该考虑使用催产的药物,如肌内注射脑垂体后叶素(催产素)0.1~0.2 毫升或 0.05% 麦角固醇 0.1~0.5 毫升。在使用催产素后,产仔仍然不正常的,就只有实施剖宫产手术,以挽救母貂和胎儿生命。

十三、死胎及母仔同归

水貂妊娠中后期,由于某种原因引起妊娠中断,特别是妊娠后期,出现大群剩食或拒食。母貂妊娠前期妊娠中断胎儿很小易被母体吸收。到妊娠后期胎儿死亡,母体吸收不了,一是造成流产,二是烂在母体子宫内造成组织胺中毒,母貂自体中毒引起败血症而死亡,即母仔同归。

【病　因】　在母貂整个妊娠期饲喂的饲料质量不佳,轻度变质,或饲喂库存时间较长的鱼类饲料,或饲喂肉联厂含有一些腺体的下脚料如鸡头、兔头等,易引起此病。慢性间接的饲料中毒,特别是棉籽油中棉酚对生殖有危害,有的地区用棉籽饼补充鸡饲料中的蛋白,鸡吃了以后在蛋白中含有棉酚残毒,妊娠母貂长期食用这种鸡蛋受害,导致流产、死胎、空怀不产仔。

【临床症状】　预产期后延,貂群不活跃,食欲不好,妊娠症候消失,腹围回缩变小,产仔情况不好,产弱仔,仔貂生命力弱,发育不正常,到产仔后期出现母貂死亡,流产胎儿发生糜烂。有的肚大,死胎腐烂在子宫内。

【病理变化】　母仔同归的母貂腹腔剖开,两子宫角内有发育不均等的死胎、烂胎,有时子宫角破溃,胎儿腐败,腹膜泛发性炎症,糜烂,潮红,出血。其他器官充血、淤血,污秽不洁,出现败血症现象。

【诊　断】　根据母貂流产死胎以及产仔情况可以确诊。

【治疗与预防】　从大群着手,调整貂群的饲料,给予适口性强的新鲜饲料,同时采取措施,使母貂不继续发生流产、死胎。为防止败血症的发生,可肌内注射抗生素和维生素 B_1 注射液,肌内注射青霉素 10 万～20 万单位,维生素 B_1 和维生素 C 各 1.0～2.0 毫升。阴道有分泌物排出者可以用 0.1％高锰酸钾水溶液冲洗。

母貂妊娠期间要严格控制饲料质量,饲料要恒定,新鲜全价。搞好防疫,预防疾病感染。

十四、乳 腺 炎

本病是指母貂泌乳期乳腺的急慢性炎症。

【病　因】　产仔初期发炎是因乳管堵塞,或仔貂生命力弱吸吮能力不强或仔貂死亡,致使乳汁长时间滞留于乳腺中引起乳腺炎,也有因仔貂较多,乳汁不足常咬伤乳头引起发炎。

【临床症状】　患病母貂徘徊不安,拒绝仔貂哺乳,常在产箱外跑来跑去,有时把仔貂叼出产箱,仔貂不发育。腹部不饱满,叫声无力。触诊母貂乳腺,热、痛、硬、肿胀。病情严重的母貂有全身症状,食欲减退,体温升高等。

【诊　断】　根据母貂的临床症状和仔貂发育情况可初步诊断。

【治疗与预防】　初期冷敷,每个乳头结合按摩排乳,在乳腺两侧用 0.25％普鲁卡因稀释青霉素进行封闭,每侧注射 3.0～5.0 毫升,并注射青霉素 30 万～40 万单位,及复合维生素 B、维生素 C 各 1.0～2.0 毫升,仔貂可以让其他母貂代养。

十五、产后缺乳或无乳

产后缺奶或无乳是指母貂妊娠期间饲养管理不当而造成乳汁减少或无乳汁。

【病　因】　本病主要是妊娠期饲养管理不当,造成初产和老龄母貂营养缺乏,个别病例与遗传因素、激素分泌紊乱、隐性乳腺炎等有关,特别是新养殖户和饲料匮乏地区,饲料不全价,不按标准饲喂,缺乏蛋白质和脂肪,造成缺乳或无乳。

【临床症状】 母貂产后缺乳或无乳。

【诊 断】 根据临床症状可确诊。

【治疗与预防】 改善水貂的饲养管理,增加饲料中促进泌乳的肉、蛋、奶,稠度要稀一些。给母貂肌内注射催产素,一次 30 微克,一般注射见效,个别的第 2～3 天再注射 1 次,如果配合地塞米松使用效果更明显。此外,对体瘦弱母貂可口服中药通乳散。

搞好妊娠期的饲料供给,没经过生产验证的饲料不要喂,否则一旦造成不良后果无法挽救。在繁殖期要舍得投入饲料,但妊娠母貂也不宜养得过肥。

十六、日 射 病

本病是水貂头部,特别是延髓或头盖部受烈日照射过久,脑及脑膜充血而引起的疾病。

【病 因】 炎热的夏季烈日照射头部和躯体过久,此病多发于夏日中午 12 时至午后 2～3 时,貂棚遮光不完善或没有避光设备。

【临床症状】 病貂突然发病,精神沉郁,步伐摇摆及晕厥,有的发生呕吐,头部震颤,呼吸困难,全身痉挛尖叫,最后在昏迷状态下死亡。

【病理变化】 尸体营养状态良好。脑及脑膜血管充盈,高度充血和水肿,脑切开有出血点或出血灶。胸膜腔比较干燥,充血,淤血,肺充血,心扩张,有的出现肺水肿。肝、脾、肾充血,淤血,个别的有出血点。

【诊 断】 根据发病季节、时间、临床症状和病理变化可以确诊。

【治疗与预防】 发生本病应立即把病貂放到通风阴凉处,头部施行冷敷或冷水灌肠。对心脏功能不全的水貂可肌内注射维他康复 0.2～0.3 毫升,皮下注射 5% 葡萄糖盐水 10～20 毫升,分多点注射,发病地点或兽场内实施降温措施,如往地上或兽笼上喷凉水降温。

进入盛夏貂场内中午要由专人值班降温防暑喷水,受光直射的部位要做好遮光,使水貂多饮水。

十七、热射病

本病是水貂暴露在高温、湿热、空气不流通的环境下,体热散发不出去蓄积体内所引起的疾病。临床上以体温升高、循环衰竭、呼吸困难、中枢神经功能紊乱为特征。

【病　因】　局部小气候闷热,空气不流通,动物体热散发不出去而导致疾病。此病多发于长途车、船、飞机运输和小气候闷热、空气不流通的笼舍或产箱内。

【临床症状】　病貂体温升高、循环衰竭及出现不同程度的中枢神经功能紊乱,乏氧,呼吸困难,大汗淋漓,可视黏膜发绀,流涎,口咬笼网张嘴而死。接近分窝断奶时,由于产箱(或小室)内湿热,母仔同时死在窝内。

【病理变化】　参见日射病。

【诊　断】　根据发病季节、时间,所处的环境,临床症状和病理变化可以确诊。

【治疗与预防】　发现本病应立即把病貂散开,放在通风阴凉处,同时采取强心、镇静措施。

长途运输种貂要由专人押运,及时通风换气。天热时饲养员要经常检查产仔多的笼舍和产箱,必要时把小室盖打开,盖上铁丝网通风换气以防闷死,产箱内垫草要经常打扫更换。炎热的晚上要把貂驱赶起来适当运动,通风换气。

十八、脑 水 肿

本病又叫大头病,常见于水貂新生仔貂,临床上以后脑显著肿大似鹅头为特征。

【病　因】　脑水肿是一种遗传病,当这种致死性状的劣性基因巧合时,则仔貂发生该病。单方具有此基因者,可以隐性遗传方式传给下一代。

【临床症状】　在检查初生仔貂时可以发现水貂头大的典型症状,后脑头盖骨高,明显突出如鹅头状,触诊肿胀部柔软,有波动感。仔貂萎靡不振,日渐消瘦,吸吮能力差,发育落后很快死亡。

【病理变化】　当把脑剖开后,从脑腔中流出大量液体,脑实质受压迫偏向一侧,头盖骨软化,向外弯曲。当液体流出后,脑腔留下很大的空洞。其他器官未见特征性变化。

【诊　断】　根据临床症状和病理变化可初步诊断。

【治疗与预防】　本病一般不能治愈,转归死亡。一般情况下,仔貂出生后死亡被母貂吃掉,不易被发现。

预防应防止近亲交配,母貂和公貂交配之后,若仔貂患有此病的,需将公貂和母貂淘汰。

第十节　其他疾病

一、皮肤真菌病(脱毛癣)

本病又称表皮真菌病,是由皮肤癣菌侵染水貂表皮及其被毛、爪、角质所引起的人兽共患真菌性皮肤传染病,俗称脱毛癣、钱癣或匐行疹。临床上以癣斑和脱毛为特征。一年四季都可发生,潮湿的夏秋两季多发。无年龄、性别之分,但以幼貂较易感。

【病　因】　病菌主要附着在毛发、鳞屑、痂皮和患部组织内,并可随落屑、折断的被毛排放到外界环境中,患病动物是本病的传染源。本病主要通过接触传染,接触携带病菌的动物或人均可感染本病,也可通过被污染的用具、笼舍、吸血昆虫虱、蚤、蝇、螨等传播。水貂养殖舍温度高、潮湿、阴暗、污秽不洁,动物营养不良、被毛不洁皆可促进本病的发生;维生素缺乏,特别是维生素 C 不足时对本病发生也起一定的作用。

【临床症状】 病貂面部、耳部及四肢皮肤发生丘疹、水疱,形成圆形、椭圆形、轮状或不规则的癣斑,表面附有石棉板样的鳞屑,被毛脱落。有的癣斑中央部开始痊愈长毛,而周围继续脱毛,呈现轮状癣斑,严重者病变蔓延至大部分躯体,皮肤发生红斑隆起,有的结痂或化脓,病貂瘙痒不安,食欲减退,逐渐消瘦,贫血,生长发育迟缓。

【诊 断】 根据流行病学特点和临床症状可初步诊断,进一步确诊需进行实验室检查。

【治疗与预防】 病貂应及时隔离治疗,发病笼舍可用 5% 硫酸苯酚热溶液(50℃)或 5% 克辽林热溶液(60℃)消毒。局部治疗时将病貂局部残存的被毛、鳞屑、痂皮剪除,用肥皂水洗净,涂以克霉唑软膏或益康唑软膏、癣净等药物。全身治疗时可内服灰黄霉素,每日 25～30 毫克/千克体重,连服 3～5 周,直到痊愈。也可内服伊曲康唑,10 毫克/千克体重,每天 1 次,连用 3 周。

平时加强貂场内和笼舍内的卫生,饲养人员注意自身的防护,防止感染。患皮肤霉菌病的人不应与水貂接触。

二、念珠菌病

本病是由念珠菌引起的一种人兽共患皮肤真菌病,临床上以皮肤或黏膜上形成乳白色凝乳样病变和炎症为特征。高温潮湿季节多发,幼貂比成年貂发病率高。

【病 因】 本菌广泛存在于自然界中,通常寄居于健康动物和人的皮肤、黏膜上,也常从被粪便污染的土壤、饲料和水中分离到。本病主要通过接触感染。大多数水貂的念珠菌病是由内源感染所致,当机体营养不良,维生素缺乏,饲料低劣,长期应用光谱抗生素或皮质类固醇,或患其他疾病而使机体抵抗力降低时,均易感染发病,也可通过接触传染。

【临床症状】 病变常发生黏膜或爪部折叠处,形成一个或多个小的隆起软斑,表面覆有黄白色假膜。假膜剥脱后,露出溃疡面。有的跖部肿胀,趾间及周围皮肤皱襞处糜烂,有灰白色和灰红色分泌物,有的形成瘘管,后期常有1~2个趾甲甚至全爪溃烂脱落,趾部露出鲜嫩肉芽。病原菌侵入肺部时,病貂精神沉郁,食欲减退或拒食,体温升高,咳嗽,呼吸困难。

【诊 断】 根据流行病学特点和临床症状可初步作出诊断,进一步确诊需进行实验室检查。

【治疗与预防】 治疗应用制霉菌素(多聚醛制霉菌素钠)片、克霉唑或两性霉素B。同时给予青霉素、链霉素预防继发感染。制霉菌素片(每片50万单位),每次内服1片,每日3次,连用10天以上。局部病变涂制霉素软膏或5%碘甘油,每日2~3次。

预防应加强饲养管理,注意饲料的科学搭配,提高貂群的抵抗力,避免长期使用广谱抗生素和皮质类固醇,搞好环境卫生,定期消毒。

三、隐球菌病

本病是由新型隐球菌而引起的全身性真菌感染,临床上以全身性真菌感染和肺部感染为特征,但是症状通常不明显。

【病 因】 健康水貂接触患病水貂,被隐球菌污染的饲料和饮水而感染本病。

【临床症状】 本病主要侵害脑神经系统和鼻窦,肺部感染也常见,但因症状不明显而被忽视。其临床症状多种多样,常表现上呼吸道、皮肤、眼、或中枢神经系统症状。一般为神志不清,呕吐不止;有的精神异常,摇头摇尾,不停旋转;有的行为异常,共济失调;有的感觉过敏,视觉障碍。肺部受侵害时,连声咳嗽,鼻腔流出浆液性、脓性或出血性鼻漏,鼻和鼻窦旁有囊状病灶,呼吸困难,胸部疼痛。病貂还出现弱视,抽搐,甚至意识障碍,少数病例出现隐性肺炎症状。

【病理变化】 中枢神经系统发生变化,常见于脑部冠状切面的灰质部分,可有许多小囊状灶,并可见有光泽而增厚的脑膜。如细胞反应明显,则脑膜与皮质粘着,部分病例的脑膜及脑实质出现肿瘤样肉芽肿,蛛网膜下腔有黏液性渗出物。肺部病变可有少量淋巴细胞浸润,肉芽肿形成以至广泛纤维化,在肺纤维性干酪样结节内可见到坏死灶。

【诊 断】 根据流行病学特点和临床症状可作出初步诊断,进一步确诊需进行实验室检查。

【治疗与预防】 发现患病水貂应立即隔离。可选用两性霉素B与氟胞嘧啶、克霉唑、酮康唑、益康唑等治疗。体表病灶可用手术彻底根除病变组织,以防复发。侵害大脑、脑脊髓的病例,多转归死亡,无治疗价值。

预防本病首先要加强饲养管理,防止发生外伤。

四、钩端螺旋体病

本病是由钩端螺旋体引起的一种人兽共患急性传染病,临床上以黄染和出血性素质为特征。本病虽然一年四季都可发生,但以夏秋季节多发,尤以7~9月份最多发,不同地区常呈现不同的流行形式。

【病 因】 水貂接触病貂和耐过动物可导致本病发生。鼠类和野生动物可携带钩端螺旋体而造成本病传播。本病主要经消化道感染,也能通过交配感染。由于本病病原最终定位于肾脏,所以尿液在本病的蔓延扩散上有重要作用。健康貂的皮肤和黏膜伤口接触病貂尿液即可感染本病。被尿液污染的饲料和水源可造成本病的传播。地面积水是促成本病的流行条件。

本病的流行主要分为以下几种形式：

1. 稻田型　是我国南方水稻地区的主要流行形式，传染源主要是野栖的鼠类。鼠粪尿污染田水，健康水貂接触污染水时最易感染发病。

2. 洪水型　是北方流行的基本形式，传染源主要是猪。多在夏秋季节洪水泛滥后，洪水冲刷猪粪尿污染水源，健康水貂接触污染水而感染发病。

3. 雨水型　多发生连日阴雨或降水量集中的低洼地区。南北方都可发生，猪及犬是主要传染源。雨水将粪尿扩散而使健康水貂感染。

【临床症状】

1. 急性型　无明显的临床症状，突然发病死亡。

2. 慢性型　主要表现精神沉郁，食欲减退或废绝，饮欲增强，狂饮，体温升高，心跳加快，排黄色稀便。有的出现呕吐，呼吸加快，反应迟钝，两眼无神，倦怠，后躯不灵活，眼结膜苍白。口腔黏膜亦有此变化或黄染，出现坏死或溃疡灶。后期体温不高，贫血明显，可视黏膜黄染，表现出血性素质。严重的后肢瘫痪，尿湿，排出煤焦油样稀便，转归死亡。

【病理变化】　病貂可视黏膜苍白、发绀、黄染。内脏器官充血，淤血，或有出血点，以肺脏最为明显。肝脏肿大，呈黄土色，皮下组织亦黄染。肾脏肿大，有出血点。胃肠黏膜有卡他性炎症，或呈出血性肠炎变化。

【诊　断】　根据流行病学特点、临床症状和病理变化可作出初步诊断，进一步确诊需进行实验室检查。为提高检出率，应在病貂发病初期采取血液，无热期或后期采取尿液或脑脊液，以及腹水,死后采肝、肾等病料。

血液直接镜检采发病初期(体温升高时期)的血液抗凝,3 000转/分离心 30 分钟后,吸取沉淀物,制成压滴标本进行暗视野检查,可见到活动的钩端螺旋体。但应注意与血液中的正常丝状体相区别。

尿液压滴标本检查:取尿液少许制成压滴标本镜检。如果将尿液离心集菌,其检出率更高。

血清学诊断:本病发病早期血清中即出现特异性抗体,且迅速升高,长期存在。本病的血清学诊断既能用于诊断,又能用于检疫或菌型鉴定。常用的有凝集溶解试验、补体结合试验、平板凝集和间接血凝试验等。

【治疗与预防】 轻症病例,连续治疗 2~3 天,病重的 5~7 天可以痊愈。每天 60 万单位青霉素或链霉素,分 3 次肌内注射,配合维生素 B_1 注射液和维生素 C 注射液,各 1.0~2.0 毫升,分别肌内注射,每天 1 次。大群用抗生素预防性投药。

加强卫生防疫制度,场内不能过于潮湿和有积水存在。做好防鼠工作。保护水源,避免雨水或洪水流进去。

五、附红细胞体病

本病是由附红细胞体寄生于水貂的红细胞表面或血浆中而引起的一种人兽共患传染病。该病多为隐性感染,临床上以黄疸、贫血和发烧等症状为特征。

【病　因】 该病在夏秋季节多发,因为这个季节蚊蝇及吸血昆虫猖獗,其叮咬可造成本病的传播。本病可单独发生,某些传染病或某些应激情况下导致机体抵抗力下降时也易发生本病。

【临床症状】 附红细胞体在病貂的血液中大量繁殖,破坏红细胞,病貂表现发热,体温升高至 40~41℃ 或以上,食欲不振,拒食,偶有咳嗽、流鼻涕,可视黏膜(眼结膜、口腔黏膜等)苍白、黄染,机体消瘦,严重者排血便,最终转归死亡。

【病理变化】　尸体消瘦,营养不良,被毛蓬乱。可视黏膜苍白、黄染,血液稀薄。肝脏黄染、质脆。肾脏有出血点。

【诊　断】　根据临床症状和血液学检查可确诊。

采新鲜末梢血管血或心血滴加在载玻片上,加等量的生理盐水,用牙签混匀,加上盖玻片,于高倍油镜下观察,发现红细胞上附着多少不等的附红细胞体,许多红细胞边缘不整而呈轮状、星状及不规则的多边形等,游离血浆中的附红细胞体呈不断变化的星状闪光小体,不断地翻滚和摇动,即可确诊。也可对血液涂片姬姆萨氏染色镜检,可见红细胞上的附红细胞体呈蓝紫色有折光性,外围有白环。

【治疗与预防】　病貂可用盐酸土霉素注射液,15 毫克/千克体重,肌内注射。血虫净3～5 毫克/千克体重,生理盐水稀释后,深部肌内注射;同时肌内注射四环素剂量5～10 毫克/千克体重,也可外用阿维菌素辅助治疗,可注射维生素 B、维生素 C 以及铁制剂。附红细胞体对庆大霉素、甲硝唑、喹诺酮、多拉菌素等药物也敏感。

搞好卫生,消灭场地周围的杂草和水坑,以防蚊蝇滋生。减少不应有的意外刺激,避免应激反应。大群注射疫苗时注意针头的消毒,以防造成疫病的传播。鸡、猪、牛及其他动物副产品作饲料时必须熟制后再用。

六、自 咬 症

本病是水貂啃咬自己的尾巴或躯体某一部位的被毛和肢体,而造成皮张破损或死亡。其发生没有明显的季节性,一年四季均有发生,但以春、秋两季为多,特别是秋季换毛期最常见,在2～8月份呈不规则发生,9月份天气潮冷时,发病率上升,11～12月份达最高峰,可延续到翌年1月份。水貂自咬症在配种产仔期发生频率较高,其发病率通常表现为母貂明显高于公貂,育成貂高于成年貂,标准貂高于彩貂,仔貂从 30～45 日龄即可出现感染发病。

【病　因】　本病发病原因目前尚不清楚。目前存在以下几种推测:营养缺乏,感染寄生虫,肛门腺堵塞,应激反应,均可导致本病;也有人认为是一种慢病毒引起的病毒性隐性传染病。本病的发生还受很多因素影响,如饲料全价与否、新鲜度好坏、动物性饲料比例高低、场内环境好坏、小气候干湿度如何、有无意外噪声、血缘关系等,都左右本病的发生率。

【临床症状】　本病一般呈慢性经过,反复发作,很少死亡。发作时病貂自咬尾巴或躯体的某一部位,多数咬自己的尾巴和后躯,拂晓和喂食前后患病水貂在笼内或小室内转圈,撵追自己的尾巴,咬住不放,翻身打滚鲜血淋漓,吱吱鸣叫,持续 3～5 分钟或更长时间,听到意外声音刺激或喂食前再发作自咬,一天内多次发作,反复自咬,尾巴背侧血污沾着一些污物形成的结痂,呈黑紫色。轻者将自身的被毛啃咬的残缺不全或将全身的针毛和柔毛咬断,或将尾巴下 1/3 尾毛啃光,呈小拇指头样和棒状。

【病理变化】　自咬死亡的尸体,一般比较消瘦,后躯被毛污积不洁,自咬部位有外伤,水貂多数是尾巴背侧有新鲜的咬伤,附有血污,陈旧性咬伤尾部背侧附有较厚的血样结痂,很少有化脓现象。有的被毛残缺不全。内脏器官变化多数呈败血症变化,充血、淤血或出血。慢性自咬死亡的病例胃黏膜有喷火样的溃疡灶。

【诊　断】　根据发病特点和临床表现即可作出初步诊断。但应注意和伪狂犬病、李氏杆菌病相鉴别。

1. **伪狂犬病**　病貂奇痒,且尽力舔,以致造成局部无毛或皮肤破溃,严重时也表现自咬,是一种以发热、奇痒及脑脊髓炎为主症的急性传染病。

2. **李氏杆菌病**　发作时往往在夜深人静时发出很凄惨的尖叫声,兴奋、抑制交替进行,出现共济失调,同时出现神经质的自咬行为。而患自咬症的水貂经常是在无人情况下自咬肢体,不分黑夜和白天,均发出尖叫声。

【治疗与预防】　目前对本病尚无特效治疗方法,一般多采用镇静和外伤处理相结合的方法,效果虽然不太理想,但能控制和避免其反复发作。

外伤处理:对咬伤部位先清理创面,用剪子剪掉伤口周围的毛,用双氧水处理后涂上碘酊。夏季尤其应注意患部的防腐驱蝇,可适当涂些松节油。

戴围套:先拔去病貂的犬齿,用纸板做成一个宽约6厘米的围套,套在病貂脖子上,使病貂无法回头咬到自己的尾和腿。

镇静:用盐酸氯丙嗪0.25克,乳酸钙0.5克,复合维生素B 0.1克,研磨混匀,平分成2份混入饲料中饲喂,每只每次喂1份,每日喂2次。肌内注射青霉素20万单位,防止继发感染。因螨病引起的自咬症,肌内注射灭虫丁,强壮的水貂每千克体重0.4毫升,体弱者0.2毫升,每隔4天注射1次,3～4次可治愈。

本病目前没有特效防治措施,加强种貂的饲养管理,能减少自咬症的发生。饲料要全价、新鲜,并添加足量的维生素和微量元素,在日粮中添加占饲料总量1%～2%的羽毛粉,可降低水貂自咬症发病率。建立健全卫生防疫制度,创造良好的环境条件,保持适宜的温度、湿度、饲养密度和卫生条件。减少环境噪声和剧烈的外界刺激,禁止外界各种毛皮动物进入圈舍,笼舍定期消毒,特别是对于已发生过自咬症的毛皮动物,其使用过的笼舍要用消毒液彻底消毒,防止交叉感染。发现病貂要早隔离、早治疗,建立种貂登记卡,凡有自咬症的病貂,到取皮期一律取皮,不能留作种用。

附　录

附录 1　水貂常用饲料营养价值表

饲料名称	干物质（%）	蛋白质	脂肪	碳水化合物	灰　分	代谢能（千焦）
海杂鱼	15.2	12.4	2.0	—	0.9	314
黄花鱼	19.1	17.2	0.7	0.3	0.9	317
带鱼	22.4	15.9	3.4	2.0	1.1	418
青鱼	18.7	16.4	1.1	—	1.2	322
鳕鱼	20.3	16.5	1.0	—	2.8	355
海鲶鱼	23.1	13.9	4.7	3.1	1.4	460
剥皮鱼	21.4	19.2	0.5	—	1.7	330
马口鱼	19.4	15.0	3.2	0.2	1.0	439
瘦牛肉	23.8	20.6	2.0	—	1.2	451
禽内脏	12.9	8.7	3.6	—	0.6	305
水貂肉	31.3	16.1	9.5	0.7	5.0	681
狐狸肉	49.3	12.5	31.9	0.7	4.2	1484
鸡蛋	21.4	10.8	9.2	0.4	1.0	568
奶粉	95.0	25.6	26.7	37.0	6.0	2052
玉米面	86.6	9.0	4.3	72.0	1.3	1517
豆饼	88.2	41.6	1.1	39.4	6.1	1187
羽毛粉	89.9	81.42	1.03	—	7.39	—
酵母粉	91.7	52.4	0.4	34.2	4.7	1264
小白菜	4	1.1	0.1	2.0	0.8	54

附录2　水貂常用药物

(一)消化系统疾病常用药物

1.抗菌消炎药　庆大霉素、卡那霉素、黄连素、诺氟沙星、环丙沙星等。

2.助消化药　维生素 B_1、乳酶生、胃蛋白酶等。

3.收敛止泻药　药用炭、鞣酸蛋白、次硝酸铋等。

4.消化道止血药　止血敏、仙鹤草素、维生素 K_3 等。

5.制酵药　鱼石脂、大蒜酊。

6.消沫药　松节油、植物油。

7.止吐药　胃复安、胃得灵、呕必停等。

8.驱虫药　伊维菌素、左旋咪唑、哌嗪(驱蛔灵)、阿苯达唑(肠虫清)及多拉菌素等。

(二)呼吸系统疾病常用药物　青霉素、红霉素、庆大霉素、氨苄青霉素、麦迪霉素、乳酸环丙沙星、氧氟沙星、磺胺嘧啶、板蓝根和大青叶等。

(三)泌尿系统疾病常用药物　拜有利、青霉素、庆大霉素、阿莫西林、诺氟沙星、环丙沙星和小诺霉素等。

(四)抗血清　水貂发生某些传染病时,可使用与该病原相对应的抗血清治疗。这种抗血清通常都是用异种动物如犬、羊等高度免疫制备成的,给水貂注射后,能与病原直接中和达到治疗目的。目前,市场上出售的商品高免血清有抗犬瘟热、抗细小病毒性肠炎等的单联或多联血清。

参 考 文 献

[1]　中国土产畜产进出口总公司．水貂[M]．北京：科学出版社，1980．

[2]　佟煜人，钱国成．中国毛皮兽饲养技术大全[M]．北京：中国农业科技出版社，1990．

[3]　阎继业．畜禽药物手册(第二次修订版)[M]．北京：金盾出版社，2001．

[4]　朱维正．新编兽医手册(修订版)[M]．北京：金盾出版社，2005．

[5]　NRC 水貂饲养标准(第二次修订版)[M]．美国国家科学研究委员会，1982．

[6]　N.J.F 水貂饲养标准．北欧农业科学家协会[S]．毛皮动物研讨会文集，2009．

金盾版图书,科学实用,
通俗易懂,物美价廉,欢迎选购

农家高效养泥鳅(修订版)	9.00	马铃薯贮藏技术	15.00
河蟹增养殖技术	19.00	蔬菜加工实用技术	10.00
河蟹养殖实用技术	8.50	果品采后处理及贮运保鲜	20.00
小龙虾养殖技术	8.00	果品的贮藏与保鲜(第2	
养龟技术(第2版)	15.00	版)	15.00
养龟技术问答	8.00	果品产地贮藏保鲜与病害	
养鳖技术(第2版)	10.00	防治	13.00
节约型养鳖新技术	6.50	蔬菜产地贮藏保鲜与病害	
龟鳖饲料合理配制与科学		防治	12.00
投喂	7.00	果蔬贮藏保鲜实用技术问	
粮油产品加工新技术与营		答	12.00
销	17.00	桃杏李樱桃果实贮藏加工	
林副产品加工新技术与营		技术	11.00
销	22.00	柿子贮藏与加工技术	6.50
食用菌加工新技术与营销	16.00	核桃贮藏与加工技术	7.00
果品加工新技术与营销	15.00	葡萄贮藏保鲜与加工技术	9.00
茶叶加工新技术与营销	18.00	金柑贮藏保鲜与加工技术	18.00
水产品加工新技术与营销	26.00	香蕉贮运保鲜及深加工技	
畜禽产品加工新技术与营		术	6.00
销	27.00	炒货制品加工技术	14.00
农产品加工致富100题	23.00	中国名优茶加工技术	9.00
粮食与种子贮藏技术	10.00	禽肉蛋实用加工技术	8.00
农家小曲酒酿造实用技术	11.00	蜂蜜蜂王浆加工技术	9.00
豆制品加工技艺	13.00	兔产品实用加工技术	11.00
豆腐优质生产新技术	9.00	毛皮加工及质量鉴定(第2	
小杂粮食品加工技术	13.00	版)	12.00
马铃薯食品加工技术	12.00	农用运输工程机械使用与	
马铃薯淀粉生产技术	14.00	维修	29.00

以上图书由全国各地新华书店经销。凡向本社邮购图书或音像制品,可通过邮局汇款,在汇单"附言"栏填写所购书目,邮购图书均可享受9折优惠。购书30元(按打折后实款计算)以上的免收邮挂费,购书不足30元的按邮局资费标准收取3元挂号费,邮寄费由我社承担。邮购地址:北京市丰台区晓月中路29号,邮政编码:100072,联系人:金友,电话:(010)83210681、83210682、83219215、83219217(传真)。